CB057988

EDITORA
intersaberes

DIALÓGICA

O selo DIALÓGICA da Editora InterSaberes faz referência às publicações que privilegiam uma linguagem na qual o autor dialoga com o leitor por meio de recursos textuais e visuais, o que torna o conteúdo muito mais dinâmico. São livros que criam um ambiente de interação com o leitor – seu universo cultural, social e de elaboração de conhecimentos –, possibilitando um real processo de interlocução para que a comunicação se efetive.

Engenharia de tráfego: aspectos fundamentais
para a cidade do futuro
Bruna Marceli Claudino Buher Kureke
Márcia de Andrade Pereira Bernardinis

EDITORA
intersaberes

Rua Clara Vendramin, 58 • Mossunguê
CEP 81200-170 • Curitiba • PR • Brasil
Fone: (41) 2106-4170
www.intersaberes.com
editora@editoraintersaberes.com.br

conselho editorial ✦	Dr. Ivo José Both (presidente)
	Drª Elena Godoy
	Dr. Neri dos Santos
	Dr. Ulf Gregor Baranow
editora-chefe ✦	Lindsay Azambuja
gerente editorial ✦	Ariadne Nunes Wenger
assistente editorial ✦	Daniela Viroli Pereira Pinto
preparação de originais ✦	Julio Cesar Camillo Dias Filho
edição de texto ✦	Palavra do Editor
capa ✦	Iná Trigo (*design*)
	rob zs/Shutterstock (imagens)
projeto gráfico ✦	Raphael Bernadelli
fotografias de abertura ✦	06photo/Shutterstock
diagramação ✦	Estúdio Nótua
equipe de design ✦	Iná Trigo
iconografia ✦	Tatiana Lubarino
	Regina Claudia Cruz Prestes

Dado internacionais de Catalogação na Publicação (CIP)
(Câmara Brasileira do Livro, SP, Brasil)

✦ ✦ ✦

Kureke, Bruna Marceli Claudino Buher
   Engenharia de tráfego: aspectos fundamentais para a cidade
do futuro/Bruna Marceli Claudino Buher Kureke, Márcia de
Andrade Pereira Bernardinis. Curitiba: InterSaberes, 2020.

   Bibliografia.
   ISBN 978-65-5517-793-0

   1. Engenharia de tráfego 2. Trânsito – Leis e legislação
3. Trânsito – Sinais e sinalização I. Bernardinis, Márcia de
Andrade Pereira. II. Título.

20-43332   CDD-625.7042

✦ ✦ ✦

Índices para catálogo sistemático:
1. Engenharia de tráfego   625.7042
   Cibele Maria Dias – Bibliotecária – CRB-8/9427

1ª edição, 2020.

Foi feito o depósito legal.

Informamos que é de inteira
responsabilidade das autoras a emissão
de conceitos.

Nenhuma parte desta publicação poderá
ser reproduzida por qualquer meio
ou forma sem a prévia autorização da
Editora InterSaberes.

A violação dos direitos autorais é crime
estabelecido na Lei n. 9.610/1998 e
punido pelo art. 184 do Código Penal.

Sumário

Dedicatória, x

Agradecimentos, xii

Prefácio, xvi

Apresentação, xxii

Como aproveitar ao máximo este livro, xxvi

Introdução, xxx

capítulo 1 Introdução à engenharia de tráfego, 36

1.1   Conceitos importantes da área, 40

1.2   Demanda e oferta de transportes, 43

1.3   Modos de transporte urbano, 45

capítulo 2 Mobilidade urbana sustentável, 74

2.1   Relação entre plano diretor e plano de mobilidade urbana na Política Nacional de Desenvolvimento Urbano, 77

2.2   Indicadores de mobilidade urbana sustentável, 80

capítulo 3   Ferramentas para um bom planejamento de transporte urbano, 94

3.1   Pesquisa de tráfego, 96

3.2   Fluxograma de tráfego, 100

3.3   Interseções urbanas, 101

3.4   Pesquisa e políticas de tráfego, 121

capítulo 4   Planejamento da sinalização de tráfego urbano, 136

4.1   O que é sinalização viária?, 138

4.2   Sinalização horizontal, 139

4.3   Sinalização vertical, 144

4.4   Semaforização, 146

capítulo 5   A importância de tecnologias da engenharia de tráfego no planejamento de cidades inteligentes, 178

5.1   Um panorama sobre Smart Cities, 180

5.2   Mobilidade inteligente, 185

5.3   Simulação de tráfego, 195

capítulo 6   Planejando cidades seguras, 202

6.1   Década de Ação pela Segurança no Trânsito, 206

6.2   O papel da educação para o trânsito, 207

6.3   Uma cidade segura é pensada para pessoas, 212

Estudo de caso, 220

Considerações finais, 224

Lista de siglas, 228

Referências, 231

Respostas, 239

Sobre as autoras, 247

Dedicatória

Às nossas famílias, aos nossos pais e

aos nossos filhos.

A Deus.

A todos os alunos.

Agradecimentos

Agradecemos primeiramente aos nossos
pais, Dirlete e Renato, Vânia e Marcos,
que muitas vezes abriram mão dos anseios
pessoais para que pudéssemos ter uma
educação de qualidade.

Agradecemos aos nossos irmãos, filhos e maridos por nos darem forças para continuar todos os dias.

Agradecemos também aos alunos, que inspiram e motivam nossa caminhada.

Prefácio

Esta publicação trata da cidade, da

engenharia e dos movimentos urbanos.

Engenharia tem origem no engenheiro, aquele que opera o engenho, termo que tem raiz em *ingenium*, do latim *gênio*, qualidade natural de aplicação do conhecimento.

Assim também é com a cidade, que deriva do seu habitante. Ela nasce como ponto de encontro, ou de pouso, entre destinos de comércio e cria raízes. Uma cidade só presta para ser visitada – só serve de modelo – se for boa para seus habitantes. Uma cidade melhora quando a inovação é forte não só na tecnologia ou no mercado, mas no campo da justiça social.

Esse entendimento, que está descrito no capítulo "Urbanismo Curitibano" do meu livro *Curitiba Luz dos Pinhais*, é o princípio do que se entende por *ordenação urbana*. Sim, o traçado de Curitiba, desde os primeiros tempos, primou pela ordenação urbana. Já em 1721, os provimentos de Ouvidor Pardinho definiram o perímetro do Rossio da Vila, o correto arruamento, as medidas da Praça da Matriz e a localização da igreja, e impediam o abandono de casas e a existência de terrenos baldios. Avançaram, a partir de então, as posturas urbanas da cidade de alinhamento do casario, a concessão de alvarás, a limpeza de rios e a conservação de pontes e caminhos. Nos idos de 1831, Curitiba ganhou o seu Código de Zoneamento, com base no qual obteve melhorias urbanas ao longo dos anos subsequentes.

No entanto, quando se trata de estruturação viária – os canais da mobilidade motorizada margeados pelos passeios –, talvez os marcos urbanos mais aparentes, com influência em deslocamentos humanos, que constituem o assunto de que trata este livro, tenham tido origem no planejamento do urbanista francês Alfred Agache (o plano carrega o sobrenome dele) que foi feito para Curitiba. Datado de 1943, o Plano Agache instituiu a hierarquia viária curitibana, com base em uma avenida diametral, avenidas radiais e avenidas perimetrais. Ele definiu o Centro Cívico, a Cidade Universitária e os Centros Militar e Desportivo.

São legados viários de Agache a Avenida Nossa Senhora da Luz, o eixo Mário Tourinho/Arthur Bernardes, a Ostoja Roguski, a Avenida Kennedy (anteriormente denominada Av. Guaíra), os prolongamentos da Sete de Setembro, a Visconde de Guarapuava, a Getúlio Vargas, a Silva Jardim e a via-parque Mariano Torres. E, ainda, a abertura da Avenida Paraná, a integração da Cândido Lopes à Carlos de Carvalho e o alargamento da Marechal Floriano.

Mudanças nesse desenho tiveram início em meados dos anos 1960, quando o governo do estado se propôs a contratar um novo Plano Diretor para Curitiba, sem ônus ao município, para aperfeiçoar as intervenções do Plano Agache. O Plano Diretor de 1965 e o Instituto de Pesquisa e Planejamento Urbano de Curitiba (Ippuc) são resultado do trabalho do arquiteto e urbanista Jorge Wilheim. Nossa cidade teve alterada a orientação de crescimento, do então traçado radial em forma de caracol proposto por Agache para os inovadores eixos lineares de Jorge Wilheim.

O desafio narrado por Wilheim estava em "ler" a cidade, detectando as características e os problemas, e avaliar hipóteses de mudanças, escolhendo as diretrizes que pudessem orientar o desenvolvimento urbano.

Curitiba ancorou, desde então, o processo de desenvolvimento urbano que a faz referência para o Brasil e o mundo. Criou os ônibus expressos, os primeiros BRTs, que circulam em canaletas exclusivas em conjunto com estrutura viária que liga o centro ao bairro e vice-versa, formando o sistema trinário. Ao longo desses eixos, promoveu a ocupação ordenada, integrando a moradia, o trabalho e o lazer por um sistema de transporte que hoje custa mil vezes menos que o metrô e carrega tanto quanto.

Uma cidade é um organismo vivo que não tem cercas, mas cuja capacidade de investimento é cerceada dentro dos limites urbanos.

Temos 435 quilômetros quadrados de área. Esse é o espaço de Curitiba. Uma cidade com 4.800 km de malha viária e quase 9 mil ruas.

Radiografia recente da pesquisa origem/destino, trabalhada nesta obra, aponta que a nossa cidade é o centro de um universo de 5,4 milhões de deslocamentos diários de todos os modais. Esses são os movimentos humanos do ir e vir dos habitantes que partem de todos os bairros de Curitiba e da nossa relação com 16 municípios vizinhos com os quais temos ligação mais intensa.

Pensar a cidade e a engenharia de tráfego nesse contexto é, sim, um grande desafio. A maior vitória, no entanto, está na transformação do produto do engenho em processo social, em aplicar o que se aprende na academia em favor da cidade em que vivemos. E a Curitiba inovadora está aberta e convida cada um a fazer parte desta grande história de transformação.

Rafael Greca de Macedo
Prefeito de Curitiba

Apresentação

O ser humano tem necessidade de se locomover para o trabalho, para o estudo ou para o lazer. Infelizmente, morar próximo ao trabalho não é uma realidade para todos os cidadãos, o que faz com que seja necessário realizar deslocamentos maiores, em maior quantidade. Como tais deslocamentos costumam percorrer maiores distâncias, ocorre maior dependência de um sistema de transporte que, quando ineficiente, gera desequilíbrio no uso dos mais variados modos de locomoção, isto é, causa congestionamentos, acidentes, poluição sonora e atmosférica, caos.

Um sistema de transporte mal planejado traz graves consequências para a cidade, principalmente quando o ser humano é deixado de lado para que se focalize apenas o automóvel, tornando-o protagonista do espaço urbano. Com base nisso, este livro apresentará subsídios para pensarmos no aspecto humano da mobilidade pela ótica da engenharia de tráfego.

No Capítulo 1, abordaremos alguns dos principais conceitos sobre a engenharia de tráfego, buscando esclarecer a importância de alcançar o equilíbrio entre a oferta e a demanda de transportes, conceitos que também vamos analisar a fim de auxiliar nas prioridades e tomadas de decisão. Veremos, ainda, a maneira como é considerado hoje o elemento mais vulnerável do trânsito – o pedestre –, as características que norteiam esse modo de deslocamento e as intervenções que podem ser previstas no meio urbano para reduzir a exposição ao risco.

No Capítulo 2, faremos um apanhado geral sobre a mobilidade urbana, sobre os aparatos legislativos desse contexto e sobre o modo pelo qual se mensura a sustentabilidade nesse âmbito.

No Capítulo 3, passaremos para o estudo das ferramentas utilizadas em um bom planejamento de transporte urbano. Enfocaremos as pesquisas que normalmente são realizadas na área de engenharia de tráfego, a fim de possibilitar a compreensão dos motivos dos deslocamentos, das vias que são mais utilizadas e de cada um dos modais, para que, dessa forma, o gestor de tráfego disponha de subsídios suficientes para resolver os problemas apontados nas pesquisas.

No Capítulo 4, por sua vez, trataremos da sinalização viária necessária para o usuário do sistema de transporte obter direções, sentidos, distâncias, destinos e locais de serviços que complementam a operação viária, assim como das principais tipologias e normas que regem a implementação dela no meio urbano.

No Capítulo 5, apresentaremos um compêndio de informações acerca das tecnologias utilizadas na engenharia de tráfego e mostraremos como estas podem contribuir com a otimização dos estudos,

dos planejamentos e das implementações de soluções no sistema urbano. Ainda no penúltimo capítulo, examinaremos os conceitos de cidades inteligentes e, especificamente, de mobilidade inteligente, com exemplos pelo mundo, bem como os parâmetros que devem ser levados em consideração para que uma cidade obtenha tal título.

No Capítulo 6, para finalizarmos nossas reflexões, veremos como a segurança viária deve ser pensada no sistema de mobilidade urbana, destacando o papel da educação para o trânsito e o da conscientização dos usuários e, por fim, evidenciando como o desenho urbano pode contribuir para a redução de mortes e da severidade dos acidentes de trânsito.

Esperamos que você, leitor, faça bom proveito desta obra. Boa leitura!

Como aproveitar ao máximo este livro

Empregamos nesta obra recursos que visam enriquecer seu aprendizado, facilitar a compreensão dos conteúdos e tornar a leitura mais dinâmica. Conheça a seguir cada uma dessas ferramentas e saiba como estão distribuídas no decorrer deste livro para bem aproveitá-las.

Logo na abertura do capítulo, relacionamos os conteúdos que nele serão abordados.

Antes de iniciarmos nossa abordagem, listamos as habilidades trabalhadas no capítulo e os conhecimentos que você assimilará no decorrer do texto.

Conteúdos do capítulo:

- Demanda e oferta de transportes.
- Modos de transporte motorizados.
- Modos de transporte não motorizados.

Após o estudo deste capítulo, você será capaz de:

1. entender a importância de conhecer conceitos como demanda e oferta de transportes;
2. diferenciar modos de transporte motorizados e não motorizados;
3. identificar alternativas de intervenção existentes para pedestres.

4. **Ambiente:** "agrupa indicadores relacionados aos aspectos ambientais que possam afetar a condição de caminhabilidade [...]" (ITDP, 2018, p. 15). Inclui sombra e abrigo, poluição sonora e coleta de lixo e limpeza.

5. **Mobilidade:** agrupa indicadores relacionados "à disponibilidade e ao acesso ao transporte público" (ITDP, 2018, p. 15). Inclui dimensão das quadras e distância a pé ao transporte.

6. **Segurança pública:** agrupa indicadores relacionados à segurança do pedestre no espaço público. Inclui iluminação e fluxo de pedestres diurno e noturno (ITDP, 2018).

Dessa forma, a avaliação da qualidade do transporte a pé mediante o emprego de indicadores padronizados, como é o caso do ICam, é fundamental para o monitoramento e a gestão das informações acerca desse modo de transporte.

Síntese

I. Neste capítulo, você aprendeu a importância de atender às prioridades de uma cidade com equidade, o que só é possível por meio do equilíbrio entre a necessidade de deslocamento dos cidadãos e os sistemas de transporte oferecidos.

II. Você viu também os diferentes meios de deslocamento urbano (motorizados e não motorizados; públicos e privados), os quais evidenciam ser possível alcançar uma mobilidade sustentável pela multimodalidade.

Para saber mais

LEITE, C.; AWAD, J. C. M. **Cidades sustentáveis, cidades inteligentes:** desenvolvimento sustentável num planeta urbano. Porto Alegre: Bookman, 2012.

Ao final de cada capítulo, relacionamos as principais informações nele abordadas a fim de que você avalie as conclusões a que chegou, confirmando-as ou redefinindo-as.

II. Você também tomou conhecimento de medidas de moderação de tráfego e do modo como estas podem contribuir para uma mobilidade mais democrática, colocando o ser humano em primeiro lugar.

Para saber mais

BASTOS, J. T. et al. Uma retrospectiva acerca do desempenho brasileiro no contexto da Década Mundial de Ações para a Segurança Viária. In: CONGRESSO ANPET, 30., 2016, Rio de Janeiro.

WELLE, B. et al. **O desenho de cidades seguras:** diretrizes e exemplos para promover a segurança viária a partir do desenho urbano. Revisão e adaptação da versão em português de Brenda Medeiros et al. Rio de Janeiro, WRI; Embarq. 2016.

FERRAZ, C. et al. **Segurança viária.** São Carlos: Suprema, 2012.

GEHL, J. **Cidade para pessoas.** 2. ed. São Paulo: Perspectiva. 2013.

As obras aqui recomendadas têm em comum a defesa do pensamento segundo o qual a cidade deve ser feita para as pessoas, e não para os carros. Ter em vista as práticas de segurança viária e atrelá-las a uma infraestrutura que privilegie as pessoas são questões primordiais em cidades inteligentes.

Sugerimos a leitura de diferentes conteúdos digitais e impressos para que você aprofunde sua aprendizagem e siga buscando conhecimento.

Ao realizar estas atividades, você poderá rever os principais conceitos analisados. Ao final do livro, disponibilizamos as respostas às questões para a verificação de sua aprendizagem.

Questões para revisão

1. Cite três medidas de moderação de tráfego e aponte as funcionalidades delas.

2. Por que não se opta por propagandas impactantes nas campanhas de educação para o trânsito brasileiras?

3. As Diretrizes Nacionais da Rducação para o Trânsito têm os seguintes objetivos, exceto:
   a. educar com base em exemplos de ética e cidadania.
   b. educar não somente para preparar o futuro condutor.
   c. reconhecer a urgência nacional social do trânsito.
   d. envolver toda a comunidade e a família nas ações de educação para o trânsito.
   e. favorecer a exploração da cidade para que os jovens se vejam como agentes de transformação.

4. Os seguintes pilares fundamentam a Década de Ação pela Segurança no Trânsito, exceto:
   a. veículos mais seguros.
   b. acessibilidade mais segura.
   c. usuários de rodovias mais seguros.
   d. atendimento a vítimas.
   e. gestão segura do trânsito.

5. Associe corretamente cada etapa da elaboração de campanhas de educação para o trânsito à respectiva descrição.

i) Pesquisa para verificar se a campanha atende aos objetivos; antes da publicação para o grande público, as campanhas são submetidas às pesquisas para verificar o atendimento aos objetivos.	( ) Pesquisa

---

Ao propor estas questões, pretendemos estimular sua reflexão crítica sobre temas que ampliam a discussão dos conteúdos tratados no capítulo, contemplando ideias e experiências que podem ser compartilhadas com seus pares.

5. "O _____ considera o sistema de tráfego composto de elementos discretos. É usado para estabelecer, por exemplo, políticas de coordenação semafórica." Assinale a alternativa cujo conteúdo preenche corretamente a lacuna da frase do enunciado:
   a. Simulador de tráfego.
   b. Modelo mesoscópico.
   c. Modelo macroscópico.
   d. Modelo microscópico.
   e. Modelo vital.

Questão para reflexão

1. Sabe-se que, para receber o título de *Smart City*, uma cidade deve desenvolver uma mobilidade mais inteligente, com a utilização, por exemplo, de simuladores de tráfego como ferramentas importantes nas tomadas de decisão. Entretanto, o conceito envolve também ações inovadoras nas áreas de economia, governança, ambiente, pessoas e vida inteligente, sendo mais abrangente que o conceito de cidade digital. É possível, nesse contexto, que uma cidade com escassez de recursos consiga o título de *Smart City*?

Estudo de caso

Nesta seção, relatamos situações reais ou fictícias que articulam a perspectiva teórica e o contexto prático da área de conhecimento ou do campo profissional em foco com o propósito de levá-lo a analisar tais problemáticas e a buscar soluções.

Introdução

Richard Rogers, um dos mais celebrados arquitetos dos últimos tempos, afirma que todos devem ter o direito de usufruir de espaços abertos, facilmente acessíveis, tanto quanto têm o direito de dispor de água tratada. Entretanto, um planejamento urbano inadequado pode acarretar graves consequências às cidades, visto que o espaço público é um bem muito raro e dificilmente reproduzível.

Outro arquiteto famoso, Jan Gehl (2013), conhecido por trabalhar com espaços públicos que favoreçam os pedestres, reitera que a mobilidade é um componente essencial à saúde das cidades. As cidades não podem ser pensadas para os carros, alega ele. Estas devem ser desenhadas para atender a modos mais leves e sustentáveis, como a bicicleta e a caminhada.

Em contrapartida, há os congestionamentos de tráfego, adversidades presentes hoje na vida das pessoas não somente nas grandes metrópoles, mas também nas cidades de médio e até mesmo pequeno porte. Eles acabam reduzindo o direito de ir e vir e aumentando o tempo de viagem até mesmo de pequenos trajetos – o que, por consequência, faz crescer o estresse de quem dirige, causando, em alguns casos, distúrbios de comportamento, como negligência, imprudência e até agressividade.

Para os engenheiros de tráfego, os congestionamentos são uma inadequação entre a oferta e a demanda da capacidade viária. Eles estudam a circulação com base em três variáveis fundamentais: velocidade, fluxo e densidade (Goodwin, 1986). Embora muito se ouça que alguns problemas de congestionamento são irreversíveis, os conhecimentos da engenharia de tráfego podem solucionar muitos deles sem, por vezes, demandar recursos tão expressivos.

A engenharia de tráfego se encarrega, entre outras questões, de planejar como serão os deslocamentos das pessoas dentro das cidades, ou seja, planejar como o sistema de transporte deve se estruturar e funcionar, e como é possível otimizá-los, de modo que eles sejam realizados de forma segura, confortável e sustentável para o cidadão. Assim, observamos que esse ramo da engenharia civil tem desenvolvido um papel cada vez mais importante para que as cidades sejam mais inteligentes, mais sustentáveis, mais conectadas, mais modernas e capazes de oferecer melhor qualidade de vida.

capítulo um

Introdução à engenharia de tráfego

Conteúdos do capítulo:

+ Demanda e oferta de transportes.
+ Modos de transporte motorizados.
+ Modos de transporte não motorizados.

Após o estudo deste capítulo, você será capaz de:

1. entender a importância de conhecer conceitos como demanda e oferta de transportes;
2. diferenciar modos de transporte motorizados e não motorizados;
3. identificar alternativas de intervenção existentes para pedestres.

Com a crescente taxa de motorização existente em todo o país, como podemos tratar de planejamento de cidades sem abordar o assunto *transportes*? É por essa razão que nasceu a engenharia de tráfego. Neste capítulo, você verá a importância de conhecer os diferentes sistemas de transporte existentes nas cidades, a maneira como ocorrem os deslocamentos das pessoas por esses sistemas e a infraestrutura necessária para que todo esse processo aconteça de forma equilibrada. Sabendo que atualmente as cidades são projetadas com foco maior nos veículos (modos de transporte motorizados) do que nos cidadãos, percebemos a importância de destacarmos o pedestre neste capítulo, aqui tratado como modo de transporte não motorizado.

Segundo Akishino e Pereira (2008), no Brasil a engenharia de tráfego evoluiu como um ramo da engenharia a partir do final da década de 1950, em razão do aumento do processo de urbanização causado pela industrialização dos centros urbanos, particularmente da indústria automobilística. Assim, podemos afirmar que é o setor da engenharia que trata não somente do planejamento e do desenho geométrico de vias urbanas e rodovias, mas também da importante integração com outros modos de transporte, visando proporcionar a movimentação segura, eficiente e conveniente das pessoas e das mercadorias.

Rozestraten (1988), grande estudioso da engenharia de tráfego, já dizia na época (década de 1980) que um trânsito racional depende da ação conjunta de três áreas distintas: engenharia, educação e esforço legal. Isso representa o que nos Estados Unidos é mais conhecido como Programa 3E s: *Engineering, Education, Enforcement*. Sabemos que a efetividade dessas ações ocorre se forem realizadas como um tripé, paralelamente, e não isoladas.

Apesar de o conceito já ter mais de trinta anos, essas ações são indispensáveis para termos um trânsito seguro e organizado. Devemos ressaltar que elas devem ser aplicadas ao sistema de forma contínua, para surtirem efeito no comportamento humano. As ações que integram o clássico tripé formado por engenharia, educação e esforço legal podem influir consideravelmente no comportamento do homem.

De acordo com Akishino e Pereira (2008), a **engenharia** age por meio do desenvolvimento de projetos, junto à infraestrutura (construção de pontes, viadutos, dispositivos viários etc.), à circulação e estacionamento (definição de hierarquia das vias, sentidos de percurso, locais de estacionamento, forma de operação nos cruzamentos), à sinalização (implantação de sinalização vertical e horizontal) e à gestão (estratégias de operação etc.).

Ainda segundo os autores, a **educação** contribui para o desenvolvimento no sentido de segurança viária por meio do ensino de normas e condutas corretas aos usuários do sistema de trânsito e do constante reforço a essas atitudes. Assim, de maneira geral, visa conscientizar as pessoas da importância do respeito às leis de trânsito, bem como prepará-las para que possam conduzir veículos ou locomover-se a pé com eficiência e segurança.

A **fiscalização** ou **esforço legal** corresponde ao policiamento constante para verificação da obediência das pessoas às leis e regras de trânsito, orientando e, quando necessário, multando ou tomando outras providências legais. A fiscalização deve ser permanente, abrangente e atuante educadora para que se perceba a assimilação na educação (Akishino; Pereira, 2008).

Embora este seja considerado o tripé clássico da engenharia de tráfego, atualmente existem autores que abordam os 6 Es, estrutura para cuja construção acrescentam os seguintes Es aos três primeiros: *Evaluation* (avaliação), *Encouragement* (incentivo), *Economy* (economia). Além dos termos acrescidos, existem autores que tratam também do termo *Equity* (equidade).

A **avaliação** diz respeito à verificação das estratégias adotadas com o fim de examinar se estas estão sendo funcionais; o **incentivo** tem relação com o estímulo ao uso dos meios de deslocamento menos poluentes, como bicicletas, e a prática do pedestrianismo;

a **economia**, por sua vez, diz respeito aos custos ligados aos acidentes; e, por fim, a **equidade** refere-se à distribuição justa e igualitária de ônus e benefícios aos cidadãos.

Para que esse programa ocorra de forma eficiente, é necessário considerar alguns conceitos a ele relacionados, como os de demanda e oferta de transportes (dos quais trataremos na Seção 1.2 deste capítulo). Vejamos a seguir conceitos fundamentais para nossa abordagem.

1.1 Conceitos importantes da área

Para que possamos dar início às nossas discussões sobre a engenharia de tráfego, devemos deixar claros os conceitos mais recorrentes na área, os quais também serão vistos no decorrer desta obra.

Na sequência, vamos tratar dos elementos *volume, velocidade, densidade* e *capacidade,* tendo em vista suas respectivas caracterizações conforme o Manual de Estudos de Tráfego do Departamento Nacional de Infraestrutura de Transportes (Dnit) (2006).

1.1.1 Volume de tráfego

Conhecido também como *fluxo de tráfego,* o volume de tráfego é definido como o número de veículos que passam por uma seção de uma via, ou de determinada faixa, durante uma unidade de tempo (Akishino; Pereira, 2008). A unidade de medida é veículos/dia (vpd).

O conhecimento do volume de tráfego é comumente utilizado para o planejamento de tráfego nos seguintes casos:

+ estudos de tendências de volumes;
+ projetos geométricos e de interseções;
+ estabelecimento de controle de tráfego;
+ avaliação da distribuição de tráfego;

- determinação de índice de acidentes;
- medição da demanda de uma via;
- estudo da capacidade de vias;
- planejamento da receita para implantação de pedágios.

Como há grande variação do fluxo de veículos ao longo da hora, do dia, da semana, do mês e do ano, o estudo do volume ocorre nas seguintes vertentes:

- **Volume médio diário anual (VMDa):** razão entre o número total de veículos que trafegam em um ano e o número de dias daquele ano (normalmente 365 dias).
- **Volume médio diário mensal (VMDm):** número total de veículos que trafegam em um mês dividido pelo número de dias do mês de estudo.
- **Volume médio diário semanal (VMDs):** número total de veículos que trafegam em uma semana dividido por 7.
- **Volume médio diário em um dia de semana (VMDd):** número total de veículos que trafegam em um dia de semana.

O VMDa, ou simplesmente VMD, é o mais utilizado – os demais são empregados como amostras ajustadas e expandidas para a determinação do VMD.

O volume pode ser representado pela somatória dos veículos, independentemente da categoria (unidades de tráfego misto – UTM), ou pela equivalência em carros de passeio (unidades de carro de passeio – UCP). O segundo é o mais empregado.

Como já comentamos, devemos levar em consideração o fato de que há grande variabilidade de fluxo ao longo do dia. Assim, é necessário estudar o volume horário (VH), que determina o número total de veículos que trafegam em determinada hora. Ressaltamos, ainda, que a hora de maior fluxo durante o dia é denominada **hora pico**.

Dentro da hora pico, ainda não existe uniformidade de volume de tráfego. Essa variação leva então ao estabelecimento do fator de hora pico (FHP), utilizado para os estudos de flutuações e grau de uniformidade do fluxo. O FHP varia entre 0,25, quando o fluxo está totalmente concentrado em um dos períodos de 15 minutos, e 1,00, nos casos em que o fluxo é completamente uniforme. Valores próximos a 1,00 são indicativos de grandes volumes de tráfego.

1.1.2 Velocidade de tráfego

De acordo com Dnit (2006), os estudos de velocidade são importantes para a verificação de excesso de demanda e má gestão do trânsito. Para isso, são utilizados os seguintes conceitos:

+ **Velocidade:** relação entre a distância percorrida por um veículo e o tempo gasto em percorrê-la.
+ **Velocidade pontual:** velocidade no momento em que um veículo passa por determinado ponto ou seção da via.
+ **Velocidade média no tempo:** média simples de todas as velocidades pontuais registradas em determinado ponto ou seção da via, durante intervalos de tempo finitos.
+ **Velocidade média de viagem:** velocidade determinada pela razão do comprimento do trecho em estudo pelo tempo médio gasto em percorrê-lo, incluindo os tempos durante os quais os veículos estejam parados.
+ **Velocidade percentual N% (VPN%):** velocidade abaixo da qual trafegam N% dos veículos. É padrão utilizar VP85% como valor determinante da velocidade máxima permitida a ser regulamentada pela sinalização.
+ **Velocidade diretriz (VD) ou velocidade de projeto (VP):** maior velocidade com que um trecho viário pode ser percorrido com segurança, quando o veículo estiver submetido somente às limitações impostas pelas características geométricas.
+ **Velocidade de operação:** a mais alta velocidade de percurso com que o veículo pode percorrer uma via atendendo às limitações impostas pelo tráfego.

1.1.3 Densidade e capacidade de tráfego

A densidade é tida como o número de veículos por unidade de comprimento da via, sendo um parâmetro que caracteriza a proximidade entre eles, refletindo o grau de liberdade de manobra do tráfego. A capacidade, por sua vez, é o máximo fluxo que pode normalmente atravessar uma seção ou trecho de via, levando-se em consideração as condições existentes de tráfego, geometria e controle, em determinado período.

Para os estudos de capacidade das vias, utiliza-se o conceito de **nível de serviço**, que mede qualitativamente as condições de operação dentro de uma corrente de tráfego e a percepção desta por parte de motoristas e passageiros.

1.2 Demanda e oferta de transportes

De acordo com Kawamoto (1997), a demanda por transporte é o desejo de uma entidade (uma pessoa ou um grupo de pessoas) de locomover-se ou fazer outras pessoas ou cargas se locomoverem de um lugar para outro. Em complementação, essa demanda pode estar relacionada a uma dada modalidade de transporte ou a uma determinada rota.

Akishino e Pereira (2008) destacam que a demanda por transporte é consequência de outras demandas, como a necessidade de trabalhar, de estudar, de fazer compras ou do desejo de fazer turismo, de ir ao cinema. Nesse sentido, dizemos que a demanda por transporte deriva da demanda por outras atividades realizadas. Na realidade, sabemos que ninguém se desloca pelo simples prazer de se deslocar, ou seja, há sempre um motivo para isso.

Kawamoto (1997) observa que a demanda por transporte pode ser aumentada ou reduzida. A utilização da internet, por exemplo, pode contribuir para a redução da necessidade de locomoção, o que, por consequência, diminui a demanda por transporte. Por outro lado, a propaganda das vantagens de determinado modo de viagem (ou a propaganda dos pontos negativos das modalidades concorrentes) pode fomentar o desejo de usá-lo, aumentando a demanda por ele.

Alguns fatores podem restringir a demanda por automóvel, como o rodízio de veículos, as restrições de acesso em certas áreas da cidade, o pedágio urbano e o compartilhamento de veículos.

Como explica Kawamoto (1997), o conhecimento da demanda por transportes de uma região ou de uma cidade é indispensável ao planejamento de transportes, tal é sua importância. Esse dado é capaz de mostrar os deslocamentos potenciais de pessoas ou de mercadorias num espaço físico, ajudando a estabelecer prioridades no atendimento. A demanda pode ser medida por meio do volume anual, do volume diário médio e do volume horário. O primeiro é mais utilizado para a estimativa de receita de pedágios, estudos de tendência de volume etc; o segundo, para a comparação da demanda atual em uma via, a programação de melhorias viárias etc.; o terceiro, por sua vez, é empregado em estudos de capacidade de via, controles de tráfego e alterações na geometria.

Da mesma forma que vemos a importância do conhecimento da demanda de transportes, é necessário também entender quais são os serviços oferecidos a esses usuários, ou seja, o que chamamos de *oferta de transportes*.

Em termos econômicos, a oferta diz respeito à intenção de uma ou mais pessoas, físicas ou jurídicas, de colocarem alguma coisa à disposição de quem quer que seja, gratuitamente ou não (Kawamoto, 1997). Assim, essa intenção pode ser mais forte ou mais fraca, dependendo da situação em que se encontra o ofertante. Não é um bem nem é estocável; a oferta é um serviço.

Bernardinis (2016) comenta que a oferta à circulação de veículos deve ser fornecida pela cidade. Esta é responsável por prover o deslocamento de pessoas e cargas dentro do sistema viário de forma segura, confortável e sustentável.

Conforme Kawamoto (1997), uma situação caótica pode ser gerada quando há desequilíbrio entre a oferta e a demanda, que pode resultar em constantes congestionamentos e dificuldades na circulação de pessoas e mercadorias. Para mitigar tais impactos, é somente pelo equilíbrio entre a demanda e a oferta no sistema de transportes que se torna possível estimar o fluxo, o custo, o tempo de viagem entre cada par de origem e destino e as prioridades de atendimento. Assim, para estimar a magnitude de fluxo que realmente ocorrerá no sistema de transporte, é necessário combinar a demanda e a oferta.

1.3 *Modos de transporte urbano*

Podemos chamar de *modos de transporte urbano* os diversos meios de deslocamento existentes nas cidades: deslocamento a pé, de bicicleta, motocicleta, carro, ônibus, caminhão, trem, VLT, metrô etc. Esses meios de transporte urbano podem ser classificados, de acordo com a Lei n. 12.587, de 3 de janeiro de 2012, em **motorizados e não motorizados**, como mostra o quadro a seguir (Brasil, 2012).

Quadro 1.1 – Modos de transporte urbano

Modo	Descrição	Exemplo
Motorizados Transporte público coletivo	Serviço público de transporte de passageiros acessível a toda a população mediante pagamento individualizado, com itinerários e preços fixados pelo Poder Público	Ônibus, vans, metrôs, trens e transporte escolar
Transporte privado coletivo	Serviço de transporte de passageiros não aberto ao público para a realização de viagens com características operacionais exclusivas para cada linha e demanda	Ônibus de fretamento para empresas e vans escolares particulares
Transporte público individual	Serviço remunerado de transporte de passageiros aberto ao público, por intermédio de veículos de aluguel, para a realização de viagens individualizadas	Táxis, mototáxis, aplicativos de mobilidade (Cabify, Uber etc.)
Transporte privado individual	Meio motorizado de transporte de passageiros utilizado para a realização de viagens individualizadas por intermédio de veículos particulares	Carros e motocicletas
Não motorizados Meio a pé	O modal a pé é complementar aos demais modos de deslocamento, porém o mais negligenciado. A mobilidade urbana inteligente deve prover aos cidadãos deslocamentos seguros, da porta de sua casa até o destino final. Assim, além de vias e ciclovias, deve ser garantida a infraestrutura adequada dos passeios.	
Bicicleta	As bicicletas podem ser particulares ou compartilhadas, como no caso dos veículos das empresas Itaú, Yellow e Grin. Independentemente disso, há necessidade de infraestrutura própria – ciclovias, ciclofaixas ou vias compartilhadas com pedestres – ou, no caso de compartilhamento de vias com veículos (ciclorrotas), políticas de moderação de tráfego.	

Fonte: Elaborado com base em Brasil, 2012.

Como pode ser observado no Quadro 1.1, entre os meios de transporte não motorizados está a figura do pedestre, elemento muitas vezes esquecido pelos poderes público e privado e até mesmo por diversos pesquisadores da área. Por esse motivo, ele será trabalhado com maior destaque a seguir.

1.3.1 Pedestres

É inegável a importância do papel do modo a pé para a mobilidade sustentável das cidades. A Figura 1.1 destaca que 41% dos deslocamentos nas cidades brasileiras são realizados pelos meios não motorizados – a pé e de bicicleta –, dos quais 37% são pelo meio a pé. Nesse sentido, "o alto percentual de viagens feitas a pé acentua a importância de se desenvolver ferramentas para analisar a qualidade de espaços urbanos sob o ponto de vista do pedestre, assim como fomentar investimentos em infraestrutura para pedestres nas cidades brasileiras" (ITDP, 2018, p. 9).

Figura 1.1 – Distribuição modal de viagens nas cidades brasileiras

■ Transporte Coletivo
■ Transporte Individual Motorizado
■ Transporte Não Motorizado

▨ A pé
■ Bicicleta

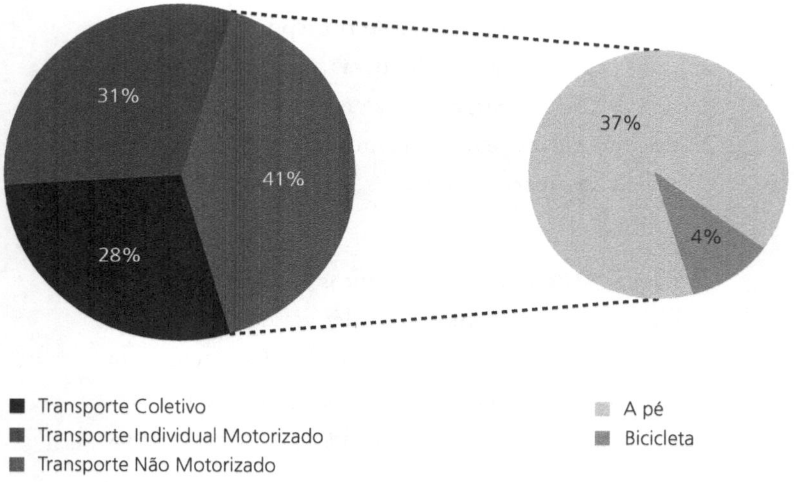

Fonte: Observatório Nacional de Segurança Viária, 2017, p. 12.

O pedestre é um dos componentes do Sistema Nacional de Trânsito (SNT). De acordo com Caccia e Pacheco (2019), "repensar a forma como nos deslocamos, mais do que uma tendência, tem se tornado uma diretriz de planejamento urbano em grandes cidades do mundo". Amsterdã, Copenhague, Zurique, Hamburgo – todas caminham em direção a um futuro em que as ruas terão cada vez mais pessoas e menos carros. Esperamos, com isso, que deslocamentos cotidianos sejam próximos o suficiente para serem realizados a pé ou por bicicleta, tornando cada vez mais obsoleta a figura do carro.

No Brasil, existe um instituto de pesquisa que trata de soluções sustentáveis para as cidades, o World Resources Institute Brasil (WRI Brasil). A seguir, vamos apresentar alguns exemplos referentes a cidades europeias que foram abordados no artigo *5 exemplos de caminhabilidade*, publicado por Caccia e Pacheco (2019) no *site* do referido instituto. Nessas cidades, o pedestre é visto como elemento prioritário do sistema viário.

[Copenhague] Uma das cidades mais reconhecidas pelo uso da bicicleta como meio de transporte implementou suas primeiras zonas exclusivas para pedestres já na década de 1960. Hoje, as áreas de pedestres estão espalhadas pela cidade, e os diferentes meios de transporte convivem no espaço urbano.

[...]

[Zurique] "31% dos deslocamentos são feitos a pé ou de bicicleta. [Tudo começou na década de 1996 com o conhecido como *Compromisso Histórico*, documento que estabelecia que nenhum novo estacionamento poderia ser construído na cidade.] Desde então, grande parte dos estacionamentos construídos foi colocada abaixo do nível do solo, e o espaço que deixaram de ocupar na superfície foi destinado à criação de praças, espaços públicos e zonas exclusivas para os pedestres.

[Hamburgo] [Por suas estratégias de planejamento integrado, foi eleita] a Capital Verde Europeia de 2011. [A principal delas foi] tornar o espaço urbano totalmente acessível a pé ou de bicicleta, conectando as principais áreas verdes e de lazer da cidade em 40% do território. O projeto chamado de Rede Verde incorpora uma visão de planejamento já presente na cidade há pelo menos um século. O conceito de eixos [...] tem o acesso à natureza como base. Assim, [a cidade] trabalha constantemente para eliminar a necessidade de uso dos carros, mostrando na prática que grandes cidades podem ser ambientes caminháveis e planejados para as pessoas. (Caccia; Pacheco, 2019)

No Brasil, estamos longe de alcançar o que já está implantado (ou sendo implantado) nas cidades europeias. Isso talvez ocorra pela visão "carrocêntrica" instaurada no país em razão da importância que a indústria automobilística ganhou em nossa economia. Nesse contexto, existe uma grande necessidade de pensar em intervenções que diminuam a exposição dos pedestres ao risco. Vejamos alguns tipos na sequência.

Principais tipos de intervenções para travessias

A seguir, relacionamos os principais tipos de intervenções em travessias, classificados conforme o apresentado por Oliveira et al. (1993). Segundo os autores, as ações possíveis no tratamento das travessias de pedestres são divididas em quatro grupos: infraestrutura, sinalização, operação e fiscalização.

De acordo com essa divisão adotada por Oliveira et al. (1993), temos:

+ **Infraestrutura:**

  + barreiras;
  + refúgio;
  + avanço de passeio;
  + lombadas;
  + melhoria na iluminação pública;
  + áreas de pedestres;
  + passagem em desnível.
  + canteiro central

+ **Sinalização:**

  + faixas de pedestres;
  + semáforo para pedestres;
  + sinalização escolar.

+ **Operação:**

  + alteração de circulação.

+ **Fiscalização:**

  + sinalização de obras na via pública.
  + fiscalização de trânsito.

No próximos tópicos, vamos descrever alguns dos casos citados, conforme o que consta nos Manuais de Sinalização e de Segurança para o Pedestre do Departamento Nacional de Trânsito (Denatran).

Barreiras

Para evitar que os veículos desgovernados saiam da pista e atinjam pedestres ou mesmo propriedades lindeiras, podem ser implantadas barreiras rígidas ou defensas entre o limite da via e o passeio. A aplicação das barreiras também ocorre quando se deseja, por exemplo, coibir a travessia em locais inadequados ou quando há necessidade de orientar o fluxo de pedestres para uma rota mais adequada ou um local mais seguro e sinalizado (Akishino; Pereira, 2008). Outra finalidade da barreira consiste em manter os pedestres na área do passeio, evitando que invadam a pista.

Oliveira et al. (1993) destacam que existem vários tipos de barreiras para pedestres. Podem ser metálicas ou na forma de floreiras ou jardineiras. Para ambos os tipos, é preciso tomar o cuidado de instalá-los a uma distância de 30 cm da guia, para garantir um apoio emergencial a um pedestre que tenha se arriscado a atravessar em local inadequado.

a. Gradil

Para Oliveira et al. (1993), a barreira do tipo metálico, mais conhecida como *gradil*, apresenta como vantagens relativas boa eficiência na canalização de pedestres e baixo custo inicial. A função do gradil é canalizar o pedestre para que este realize a travessia em local desejado pelo projetista.

Como desvantagem, em geral, podemos citar o próprio aspecto dela, que não contribui para o embelezamento da cidade, requer constante manutenção (principalmente no caso do gradil com correntes utilizado em São Paulo, por exemplo) e não coíbe plenamente sua transposição por pessoas mais jovens.

Bernardinis (2016) complementa que o gradil, quando colocado em uma esquina, deve ser prolongado, conforme mostra a Figura 1.2, para que o pedestre não venha a caminhar sobre a guia para realizar a travessia em local indevido. A canalização deve ser feita nos dois lados da via, pois, quando inserida em apenas um dos lados, o pedestre pode efetuar a travessia do lado oposto e deparar-se com um obstáculo à sua frente.

Figura 1.2 – Canalização com gradil

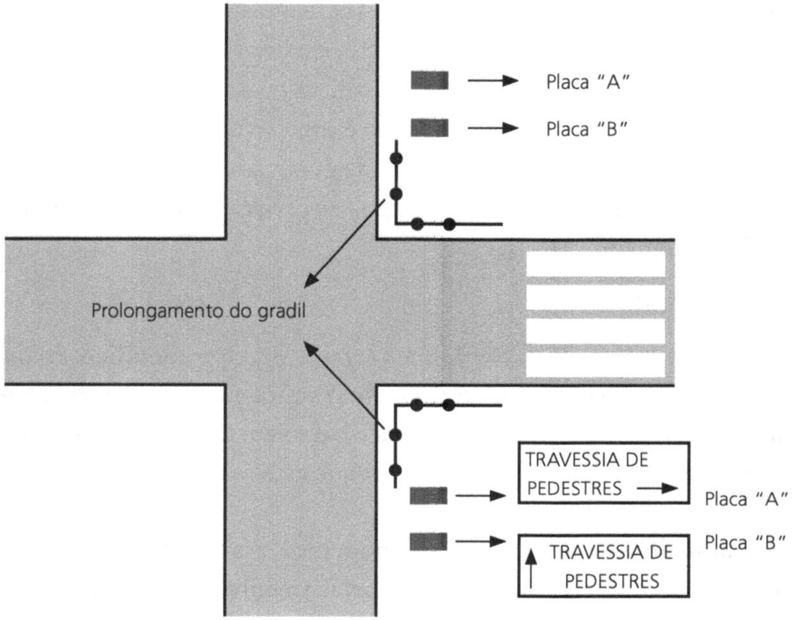

O gradil deve ser ininterrupto, uma vez que, se houver descontinuidade em razão de acessos de veículos a garagens particulares, acabará havendo desrespeito (Oliveira et al., 1993). A Figura 1.3 mostra uma canalização com gradil no meio da quadra.

Figura 1.3 – Canalização com gradil no meio da quadra

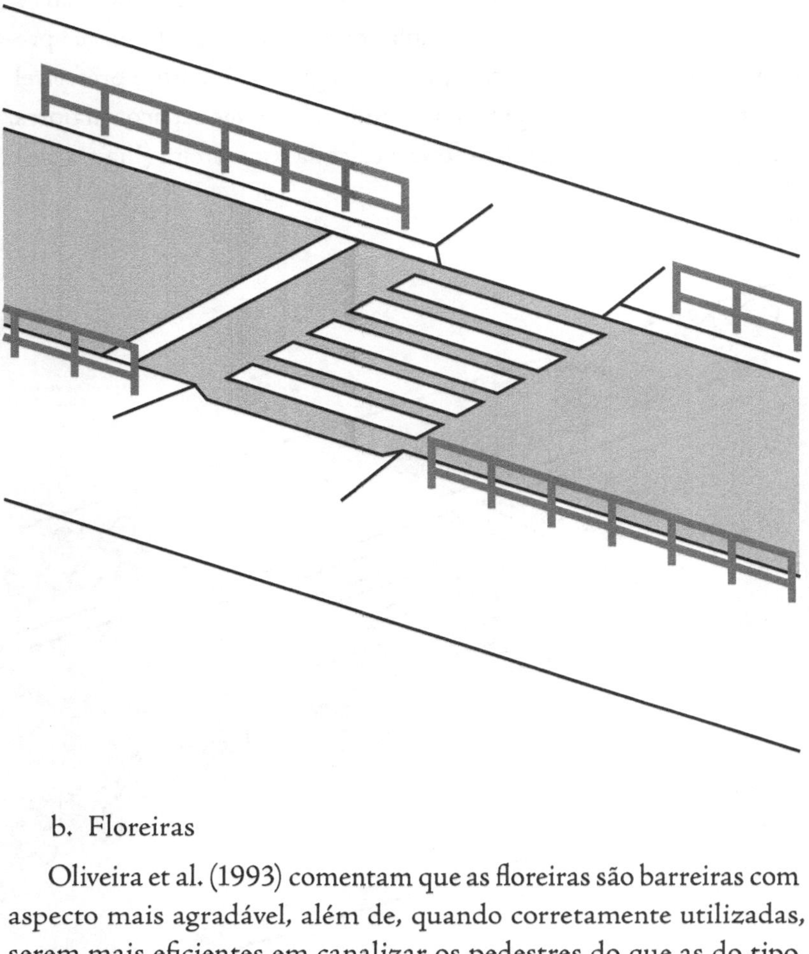

b. Floreiras

Oliveira et al. (1993) comentam que as floreiras são barreiras com aspecto mais agradável, além de, quando corretamente utilizadas, serem mais eficientes em canalizar os pedestres do que as do tipo gradil. Porém, a construção delas exige uma série de cuidados de instalação e manutenção. A escolha de sua vegetação deve ser cuidadosa para evitar plantas de grande porte que futuramente venham a impedir a visibilidade entre pedestres e motoristas.

Bernardinis (2016) lembra que as floreiras precisam receber serviço de jardinagem periodicamente, o que gera custos adicionais e deve ser levado em conta na implantação. Como as floreiras apresentam conotações de decoração e paisagismo, é sempre preferível utilizar esse recurso ao gradil. Contudo, elas exige espaços maiores, fato que pode ser inviabilizado se a calçada for estreita (Figura 1.4).

Figura 1.4 – Floreiras

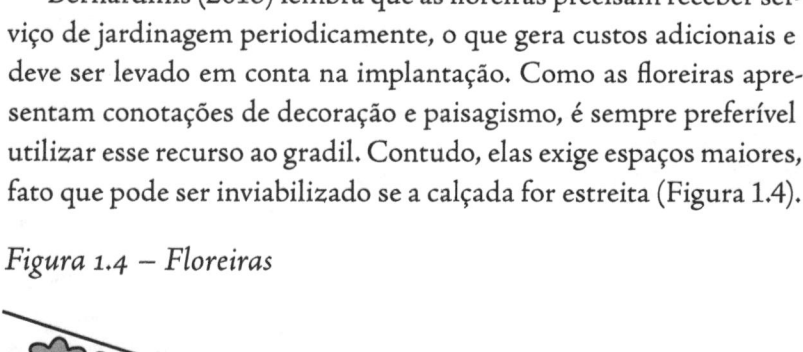

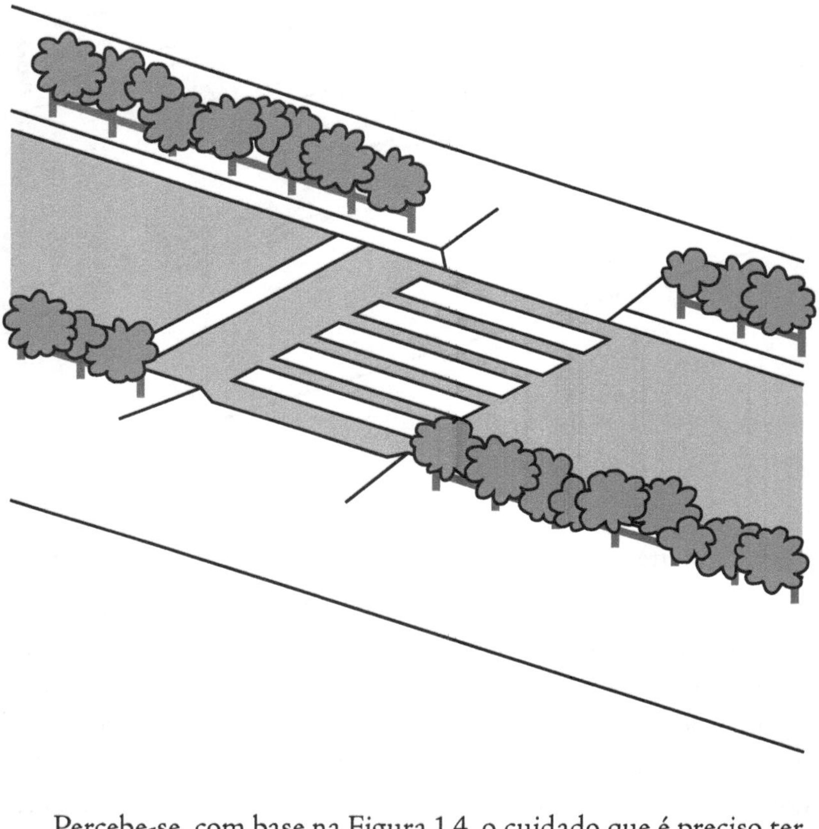

Percebe-se, com base na Figura 1.4, o cuidado que é preciso ter para que esse dispositivo não fique sem manutenção e, assim, não prejudique a visibilidade dos motoristas no sistema viário, os quais também não devem ocupar o espaço destinado aos pedestres.

Refúgio

Na maioria das vezes, o refúgio é implantado em vias largas, onde a exposição do pedestre fica mais arriscada no sistema viário. Oliveira et al. (1993) afirmam, então, que se trata de um dispositivo destinado somente a pedestres. Sua função é proporcionar maior segurança ao pedestre no decorrer da travessia, como um local de apoio, permitindo-lhe, assim, aguardar o tempo de travessia no fluxo veicular para completá-la de forma segura quando realizada em duas etapas.

Figura 1.5 – Exemplo de refúgio

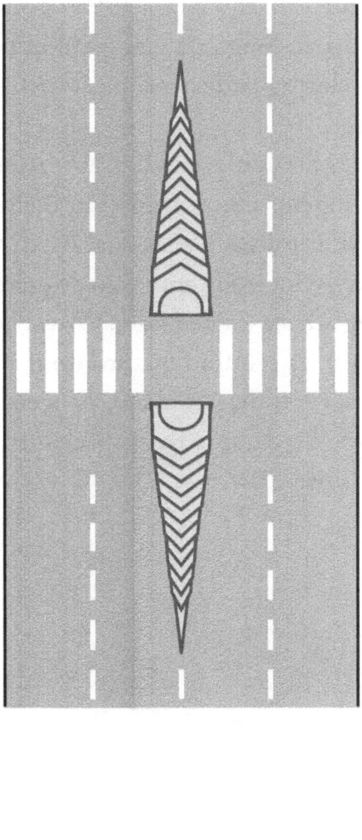

Embora seja um local, conforme já descrito, destinado somente a pedestres, muitos usuários do sistema viário, por desconhecimento, acabam utilizando o refúgio para paradas de veículos, agravando ainda mais a segurança tanto de pedestres como de outros veículos. Prudente seria, no início da implantação, esclarecer à população a função do dispositivo.

Avanço de passeio

Bernardinis (2016) observa que, além da colocação de barreiras e refúgios, outra intervenção que pode ser usada para beneficiar a segurança do pedestre é o avanço de passeio ou avanço de calçada. Esse recurso, segundo Oliveira et al. (1993), pode ser utilizado em dois casos principais: ao longo da via, quando há insuficiência de espaço para acomodar os pedestres, ou junto às travessias, para diminuir o percurso.

Trata-se de uma solução que faz diminuir o tempo de exposição dos pedestres, que podem, assim, aproveitar melhor as brechas existentes no trânsito para realizar a travessia. Além disso, faz com que os veículos reduzam a velocidade em razão do estreitamento de pista, o que aumenta a segurança do pedestre. O avanço de calçada pode ser implantado tanto na esquina quanto no meio da quadra. Por outro lado, é necessário tomar cuidado, pois essa prática torna-se atraente para os camelôs, o que exige da prefeitura uma fiscalização constante (Bernardinis, 2016)

Figura 1.6 – Avanço de passeio

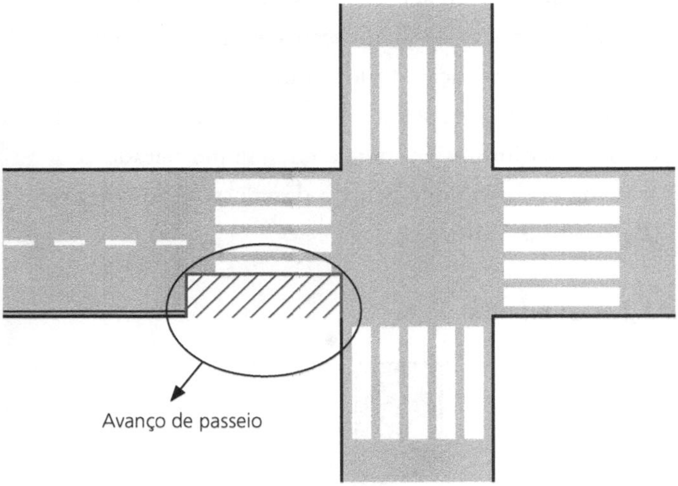

Avanço de passeio

Como você pode ver na Figura 1.6, o avanço de passeio diminui significativamente a exposição do pedestre ao sistema viário, fazendo com que o risco na travessia diminua também.

Lombadas

Os dispositivos redutores de velocidade caracterizados como deflexões transversais à via, popularmente conhecidos como *lombadas* vêm tendo utilização crescente em todo o país, em virtude de seu efeito e do relativo baixo custo de implantação (Oliveira et al., 1993).

> O principal efeito da lombada é a drástica redução da velocidade e da capacidade da via. Entretanto, exige cuidadoso projeto de sinalização, com placas e pintura de solo e manutenção devida, afinal, a má sinalização da lombada pode trazer aumento no risco de acidentes em vez de diminuição, pois o choque inesperado contra o dispositivo pode gerar o descontrole do veículo. (Bernardinis, 2016, s.p.)

Figura 1.7 – Lombada

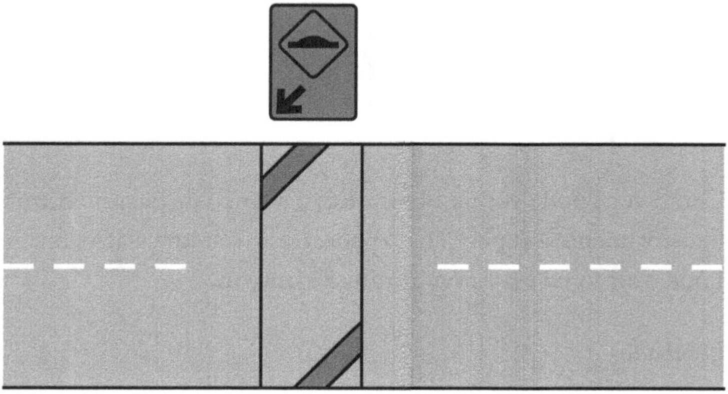

Cabe ressaltar que o cuidado com a manutenção na pintura e nas placas de sinalização das lombadas é fundamental para a efetividade do dispositivo.

Melhorias na iluminação pública

Em muitas pesquisas, a iluminação é apontada como grande aliada da segurança pública, o que é amplamente conhecido. Nesse sentido, Akishino e Pereira (2008, s.p.) destacam que "muitos acidentes ocorrem devido à invisibilidade de um ou de ambos elementos conflitantes e não têm relação com as circunstâncias físicas da via ou mesmo com as eventuais falhas de motoristas e pedestres".

Em condições noturnas, por exemplo, muitos acidentes ocorrem pela falta de iluminação. Com efeito, muitos atropelamentos acontecem pois muitas vezes não conseguem ser evitados simplesmente pelo fato de não poderem ser visualizados e prevenidos antes de ocorrerem.

A iluminação concentrada nas travessias, além de proporcionar melhor visibilidade para o motorista, tornando os pedestres mais identificáveis, também tem o efeito de atrair as pessoas que desejam atravessar a via para o ponto mais iluminado (Akishino; Pereira, 2008).

Áreas de pedestres (calçadão)

O calçadão pode ser projetado para vias de grande fluxo de pedestres no sentido longitudinal, onde se observa constantemente, o avanço no leito viário em razão da falta de capacidade da calçada existente (Oliveira et al., 1993).

Contudo, Akishino e Pereira (2008) lembram que se trata de um sistema que exige a troca de pavimento para um material semelhante aos das calçadas e adequado para identificar o trânsito exclusivo de pedestres, mas que tenha capacidade de suporte para veículos, inclusive pesados, visto que táxis, moradores da área, caminhões de carga/descarga, ambulâncias e bombeiros poderão ter necessidade de adentrar por essas vias.

A implantação de uma área de pedestres é uma intervenção que, por modificar todo o sistema viário – incluindo o fechamento de ruas, a criação de desvios e a mudança de pavimento –, necessita de profundos estudos de planejamento urbano.

O projeto deve obedecer às seguintes etapas básicas: definição da área a ser abrangida; período de restrição à circulação de veículos (se integral ou parcial – reservada aos horários de maior concentração de pedestres);

levantamento do uso do solo; estudo da circulação das vias no entorno da área de projeto; estratégias de abastecimento e de serviços públicos para os estabelecimentos internos à área; obras de infraestrutura, como redes subterrâneas de serviços (luz, telefone, gás etc.) e pavimentação; projeto urbanístico (mobiliário, iluminação, planejamento visual); determinação do controle de acesso e oferta de estacionamento e transporte coletivo. (Akishino; Pereira, 2008, s.p.)

A Figura 1.8 mostra um exemplo de calçadão em Curitiba, na Rua XV de Novembro.

Figura 1.8 – Exemplo de calçadão

Os calçadões devem ter como objetivo principal a retirada da circulação de veículos em determinada área ou região da cidade, trazendo mais comodidade e segurança aos pedestres. Cabe lembrar aqui a importância de uma boa arborização e de uma boa iluminação para a atratividade do local.

Passagem em desnível (passarelas e passagens subterrâneas)

Conforme explanado por Oliveira et al. (1993), tanto as passarelas quanto as passagens subterrâneas podem ser consideradas alternativas de travessia em desnível, isolando o tráfego de pedestres do tráfego de veículos.

Ainda segundo os autores, as passarelas exigem um maior gasto de energia se comparadas com travessias em mesmo nível, requerendo que pedestres caminhem mais, transpondo desníveis de até 7 m de distância vertical via escadas ou rampas.

De acordo com o *Manual de projeto de interseções* do Dnit (2005), como vantagens em relação às passagens subterrâneas, as passarelas:

a. não interferem em instalações subterrâneas;
b. são visualmente agradáveis;
c. são mais higiênicas;
d. oferecem maior segurança pública;
e. apresentam processo executivo mais econômico.

A passagem subterrânea, por sua vez, tem como vantagens menor desnível a ser transposto pelo pedestre – entre 3,0 m e 3,5 m –, menores intercorrências estéticas do ponto de vista urbanístico, além do conforto ambiental em condições atmosféricas adversas, como observam Oliveira et al. (1993).

Ainda, de acordo com os estudos realizados por Akishino e Pereira (2008), o fato de as passagens em desnível para pedestres geralmente imporem o acréscimo no tempo e na distância dos percursos acaba por desincentivar a utilização delas por parte dos pedestres, razão pela qual passam a ser uma intervenção cada vez mais obsoleta nas mais diversas cidades. A título de exemplificação, na Inglaterra foi verificado que, para quase todos os pedestres que utilizam passarelas, o tempo de transposição é da ordem de 75% do tempo que se leva para cruzar a travessia em nível.

Figura 1.9 – Exemplo de passagem em desnível

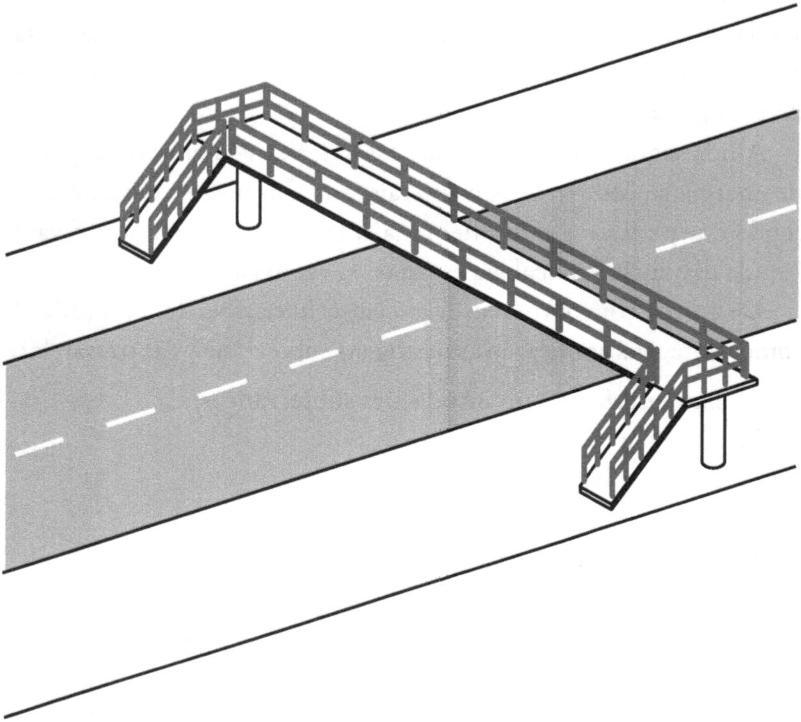

Canteiro central

O principal objetivo do canteiro central é a separação dos fluxos opostos das vias, para que, dessa forma, não ocorram ultrapassagens na contramão ou retornos no meio da quadra. Quando se trata de pedestres, o canteiro central funciona como o refúgio (Oliveira et al., 1993).

Figura 1.10 – Exemplo de canteiro central

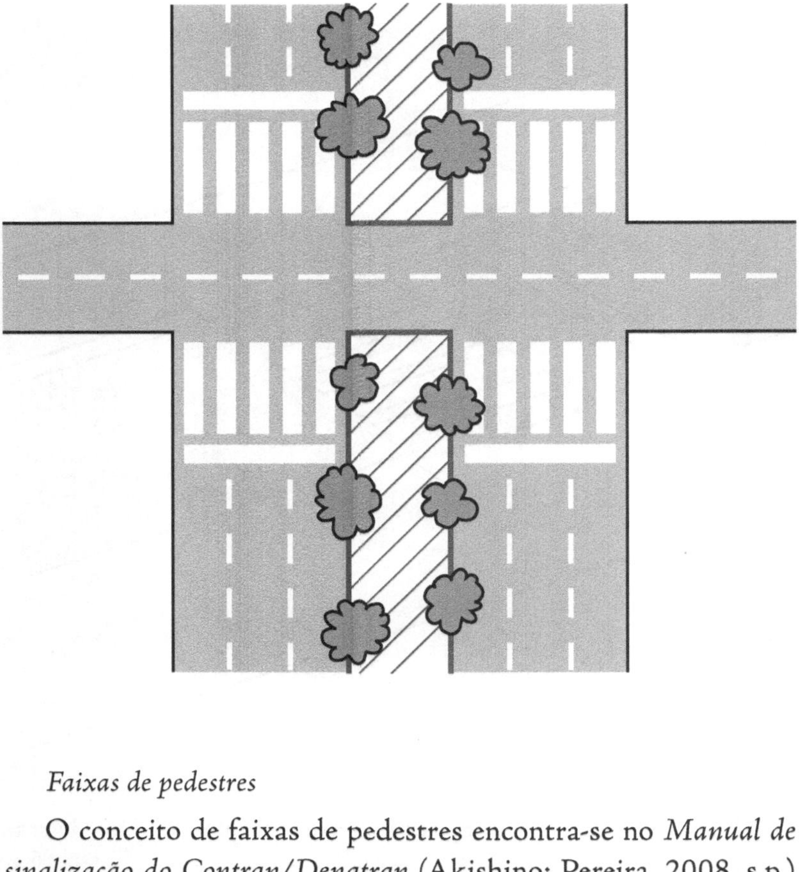

Faixas de pedestres

O conceito de faixas de pedestres encontra-se no *Manual de sinalização do Contran/Denatran* (Akishino; Pereira, 2008, s.p.), segundo o qual elas correspondem à "marcação transversal ao eixo da via que indica aos pedestres o local que poderão utilizar para atravessá-la de maneira segura".

Figura 1.11 – Exemplo de faixa de pedestres

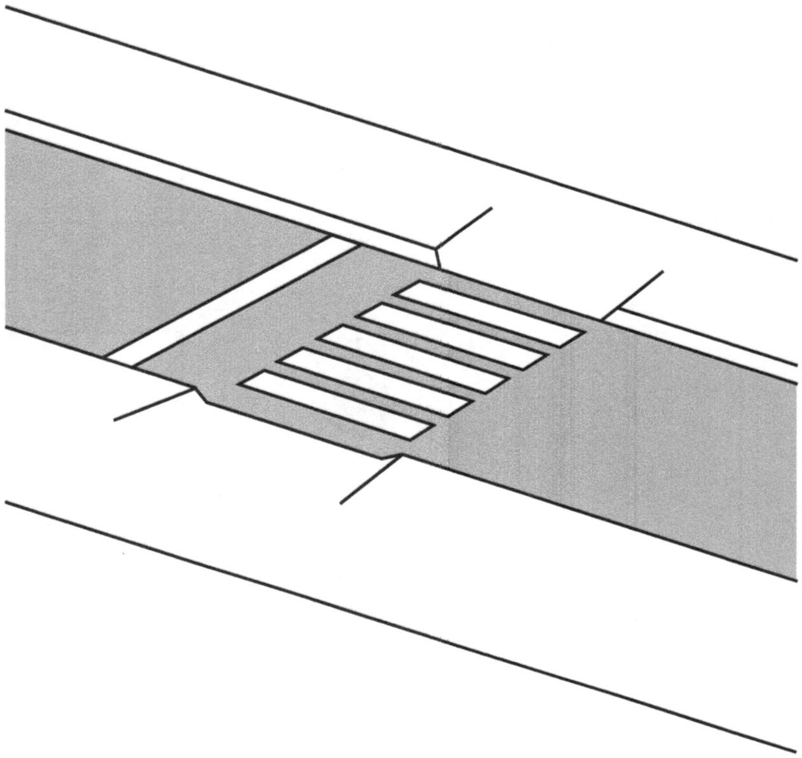

Akishino e Pereira (2008) ainda destacam que as faixas de travessia de pedestres têm poder regulamentador próprio, o qual é previsto na legislação. Ademais, as faixas para pedestres podem ser utilizadas em interseções, meios de quadras, ilhas de embarque ou desembarque, conforme a necessidade prevista por pesquisas para esse fim.

Semáforo para pedestres (de botoeira)

Como descrito por Akishino e Pereira (2008), o semáforo para pedestres aparece como uma solução interessante, principalmente quando há descontinuidade na travessia. Vale ressaltar, no entanto, que a instalação de qualquer tipo de semáforo exige uma série de justificativas técnicas, que levam em consideração os atrasos, o alto custo do equipamento em si e o de sua implantação e manutenção, além do efeito inverso que provoca quando mal utilizado e do aumento do risco de acidentes em vez de sua diminuição.

Figura 1.12 – Exemplo ilustrativo de configuração de semáforo para pedestres

Ainda conforme Akishino e Pereira (2008), o problema mencionado pode ocorrer, por exemplo, ao se implantar um semáforo em local equivocado, o que pode ocasionar baixa utilização dele pelos pedestres e, consequentemente, habituar o motorista a se locomover pelo local sem dar a devida importância à sinalização. Vamos apresentar informações mais completas sobre o assunto no Capítulo 4 deste livro.

Alteração de circulação

Mesmo que, via de regra, esta intervenção não seja utilizada com o objetivo de proporcionar maior segurança aos pedestres, Oliveira et al. (1993) explicam que a alteração de circulação de uma via de duplo sentido para sentido único geralmente traz uma redução nos casos de atropelamentos, pois o pedestre consegue realizar a travessia em duas etapas.

1.3.2 Caminhabilidade

A caminhabilidade é um conceito que leva em conta, principalmente, a acessibilidade no ambiente urbano e que mensura a facilidade das pessoas em se deslocar na cidade (Embarq Brasil, 2015).

Para garantir a oferta de um ambiente adequado a esses deslocamentos, é preciso analisar quais são as necessidades associadas a eles. Esse é o papel dos índices de caminhabilidade.

Segundo Marques (2018, s.p.), "O Índice de Caminhabilidade (iCam) é uma ferramenta que permite mensurar as características do ambiente urbano determinantes para a circulação dos pedestres, bem como apresentar recomendações a partir dos resultados obtidos na avaliação. O índice possui 15 indicadores agrupados em 6 categorias".

Figura 1.13 – Índice de Caminhabilidade

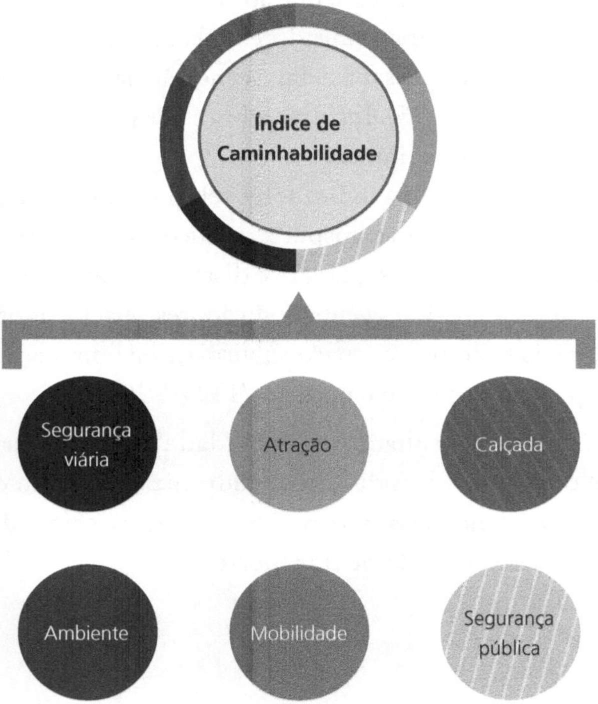

Fonte: ITDP, 2018, p. 13.

1. **Segurança viária:** "esta categoria agrupa indicadores referentes à segurança de pedestres em relação ao tráfego" (ITDP, 2018, p. 15). Inclui tipologia da rua e travessias.
2. **Atração:** agrupa "indicadores relacionados a características de uso do solo que potencializam a atração de pedestres" (ITDP, 2018, p. 14). Inclui fachadas fisicamente permeáveis, fachadas visualmente ativas, uso público diurno e noturno e usos mistos.

3. **Calçada:** agrupa indicadores relacionados à infraestrutura, ou seja, largura e pavimentação (ITDP, 2018).

4. **Ambiente:** "agrupa indicadores relacionados aos aspectos ambientais que possam afetar a condição de caminhabilidade" (ITDP, 2018, p. 15). Inclui sombra e abrigo, poluição sonora e coleta de lixo e limpeza.

5. **Mobilidade:** agrupa indicadores relacionados "à disponibilidade e ao acesso ao transporte público" (ITDP, 2018, p. 15). Inclui dimensão das quadras e distância a pé ao transporte.

6. **Segurança pública:** agrupa indicadores relacionados à segurança do pedestre no espaço público. Inclui iluminação e fluxo de pedestres diurno e noturno (ITDP, 2018).

Dessa forma, a avaliação da qualidade do transporte a pé mediante o emprego de indicadores padronizados, como é o caso do ICam, é fundamental para o monitoramento e a gestão das informações acerca desse modo de transporte.

Síntese

I. Neste capítulo, você aprendeu a importância de atender às prioridades de uma cidade com equidade, o que só é possível por meio do equilíbrio entre a necessidade de deslocamento dos cidadãos e os sistemas de transporte oferecidos.

II. Você viu também os diferentes meios de deslocamento urbano (motorizados e não motorizados; públicos e privados), os quais evidenciam ser possível alcançar uma mobilidade sustentável pela multimodalidade.

Para saber mais

LEITE, C.; AWAD, J. C. M. **Cidades sustentáveis, cidades inteligentes:** desenvolvimento sustentável num planeta urbano. Porto Alegre: Bookman, 2012.

LINKE, C. C.; ANDRADE, V. **Cidades de pedestres:** a caminhabilidade no Brasil e no mundo. Rio de Janeiro: Babilônia, 2017.

Para conhecer mais profundamente os estudos sobre demanda e oferta de transportes, modos de transporte motorizados e não motorizados, consulte as duas obras referenciadas.

Questões para revisão

1. Conceitue *oferta* e *demanda* e explique a necessidade de equilibrar esses dois conceitos.

2. Levando em consideração a realidade de seu município, cite as principais maneiras de buscar a integração entres os modos de transporte estudados neste capítulo.

3. (Cespe – 2013 – ANTT) Julgue o item subsecutivo, referente à engenharia de tráfego, níveis de serviço e contagens. Volume de tráfego ou fluxo de tráfego diz respeito ao número de veículos por unidade de comprimento da via.

   a. Certo.

   b. Errado.

4. Assinale a alternativa correta:

   a. Barreiras, lombada, semáforos sem vermelho total e faixa de pedestres são alguns dos tipos de intervenções para travessias de pedestres.

   b. Refúgio é uma construção para acomodar veículos que atravessam uma via e apresentam problemas de mecânica. Estes podem permanecer no espaço até que o socorro apareça.

   c. Quando a demanda de transportes diminui por algum impedimento ocasionado pela falta de nível de serviço ou falha na infraestrutura, diz-se que ela é reduzida e pode ser satisfeita tão logo seja removido o impedimento.

   d. O iCam (Índice de Caminhabilidade), desenvolvido pelo Instituto de Políticas de Transporte e Desenvolvimento (ITDP), tem como objetivo principal desenvolver metodologias em prol de uma mobilidade reduzida mais sustentável.

   e. A faixa de pedestres é uma marcação transversal ao eixo da via que indica aos pedestres que tenham cuidado ao atravessarem, não sendo, portanto, um local seguro de travessia.

5. O iCam é uma ferramenta que permite mensurar as características do ambiente urbano, contemplando seis categorias: segurança viária, atração, calçada, ambiente, mobilidade e segurança pública. Qual dos indicadores a seguir não se relaciona com a categoria da atração?

   a. Sombra e abrigo.

   b. Fachadas ativas.

   c. Uso público noturno.

   d. Uso público diurno.

   e. Fachadas permeáveis.

Questão para reflexão

1. Cidades planejadas, teoricamente, devem ser cidades-modelo. No país, a primeira cidade planejada foi Brasília. Resta perguntarmos: Planejada para quem? Para quê? A cidade de Brasília foi inaugurada em 1960, com o chamado *Plano Piloto* de Lucio Costa e a arquitetura de Oscar Niemeyer. Do céu se vê a forma de avião da cidade. Brasília tem monumentais vias expressas que interligam diferentes regiões. Seus conjuntos habitacionais e áreas de serviço encontram-se nas Asas Sul e Norte, e na área central é possível encontrar a tão famosa Esplanada dos Ministérios. A cidade foi projetada para ser grande: prédios, avenidas, espaços vazios; uma cidade segmentada, um grande plano. Ela é, de fato, um grande planejamento?

❖ ❖ ❖

capítulo dois

Mobilidade urbana sustentável

Conteúdos do capítulo:

+ Plano diretor e plano de mobilidade urbana.
+ Indicadores de mobilidade urbana sustentável.
+ Metodologias propostas para indicadores de mobilidade sustentável.
+ Indicadores de mobilidade urbana sustentável no contexto brasileiro.

Após o estudo deste capítulo, você será capaz de:

1. entender a importância do planejamento de cidades sustentáveis e humanas;
2. compreender as principais diretrizes e políticas existentes no planejamento de uma cidade;
3. reconhecer ferramentas e metodologias de avaliação e monitoramento da mobilidade urbana sustentável a partir de indicadores.

A mobilidade urbana sustentável pode ser pensada como o resultado de um conjunto de políticas de transporte e circulação que visam promover o espaço público dedicado a pedestres e ciclistas em vez de priorizar os meios motorizados, em um atuação efetiva, socialmente inclusiva e ecologicamente sustentável (Brasil, 2007).

Um conceito trabalhado pela Organização para a Cooperação e Desenvolvimento Econômico (OECD, 2003), complementado pelo Grupo de Especialistas em Transportes e Meio Ambiente da Comissão Europeia e aceito como referência pelo Conselho Europeu de Ministros de Transportes, define como **transporte sustentável** aquele que contribui para o bem-estar econômico e social sem prejudicar a saúde humana e o meio ambiente.

Banister et al. (2000) constatam que uma abordagem voltada à mobilidade sustentável exige ações direcionadas à redução dos deslocamentos e ao incentivo à obtenção de maior eficiência no sistema de transporte. Um planejamento de transporte mais sustentável apoia ações voltadas à menor dependência do automóvel, visto que o uso desse modo de transporte implica o aumento de custos tanto sociais como econômicos e ambientais.

Vale ressaltar, entretanto, que existem estudos que apontam que os benefícios proporcionados pelos automóveis superam esses custos e que os problemas podem ser resolvidos com o pensamento voltado para melhorias técnicas. Esses estudos indicam ainda que alternativas tais como o transporte público são mais prejudiciais e que a dependência do automóvel é inevitável (Green, 1995).

Nesse sentido, segundo May e Crass (2007), uma única solução para resolver a maioria dos problemas enfrentados não será suficiente, razão pela qual os governos devem basear as estratégias em grupos de medidas eficazes, em que cada uma destas reforce os efeitos das demais. Medidas isoladas dificilmente atingirão o ideal da sustentabilidade. Somente a combinação de ações pode culminar em uma real efetividade, com a associação de gestores, de investidores e da sociedade como um todo.

A necessidade de mudanças profundas nos padrões tradicionais de mobilidade, na perspectiva de cidades mais justas e sustentáveis, levou à aprovação da Lei Federal n. 12.587, de 3 de janeiro de 2012, que trata da Política Nacional de Mobilidade Urbana e contém princípios, diretrizes e instrumentos fundamentais para o processo de transição (Brasil, 2012).

Diante disso, o plano de mobilidade urbana passa a ser instrumento de efetivação da Política Nacional de Mobilidade Urbana, devendo contemplar os princípios, os objetivos e as diretrizes nela identificados.

2.1 Relação entre plano diretor e plano de mobilidade urbana na Política Nacional de Desenvolvimento Urbano

Assim Villaça (1999, p. 238) define *plano diretor*:

> um plano que, a partir de um diagnóstico científico da realidade física, social, econômica, política e administrativa da cidade, do município e de sua região, apresentaria um conjunto de propostas para o futuro desenvolvimento socioeconômico e futura organização espacial dos usos do solo urbano, das redes de infraestrutura e de elementos fundamentais da estrutura urbana, para a cidade e para o município, propostas estas definidas para curto, médio e longo prazos, e aprovadas por lei municipal.

Cabe observar ainda que os planos diretores estabelecem diretrizes para a expansão e a adequação do sistema viário e do transporte público. Incorporar a mobilidade urbana ao plano diretor, portanto, é priorizar, no conjunto de políticas de transporte e circulação, a mobilidade das pessoas – e não dos veículos –, o acesso amplo e democrático ao espaço urbano e os meios não motorizados de transporte.

O plano diretor, em conjunto com o plano de mobilidade urbana, deve cobrir os seguintes princípios:

+ universalização do acesso à cidade;
+ controle da expansão urbana;
+ qualidade ambiental;
+ democratização dos espaços públicos;
+ gestão compartilhada;
+ prevalência do interesse público;
+ combate à degradação de áreas residenciais (Roedel; Bernardinis, 2015).

A legislação brasileira vem avançando na última década nas questões de planejamento urbano e, mais recentemente, nas de mobilidade. Em 2007, o Ministério das Cidades editou um caderno de referência para elaboração do plano de mobilidade urbana (Brasil, 2007), obrigatório para as cidades com mais de 500 mil habitantes. A Lei n. 12.587/2012, que instituiu as diretrizes da Política Nacional de Mobilidade Urbana, torna obrigatória a execução de planos diretores de mobilidade urbana em três anos para municípios com mais de 20 mil habitantes. Dessa forma, a abrangência do planejamento de mobilidade foi ampliada e as cidades serão obrigadas a discutir, planejar e repensar seus sistemas de transporte urbano e sua acessibilidade dentro dos próximos anos.

Segundo o Ministério das Cidades (Brasil, 2007), mais de 3 mil cidades estão obrigadas a elaborar o plano de mobilidade urbana conforme a Lei n. 12.587/2012, das quais 1.644 têm acima de 20 mil habitantes. Evidentemente, os problemas da mobilidade urbana se manifestam de maneira distinta nessas cidades. Ao passo que a concentração de pessoas dinamiza as relações sociais e induz a uma maior necessidade de deslocamentos, a extensão territorial os torna mais complexos e mais dispendiosos.

A Política Nacional de Mobilidade Urbana é um dos eixos estruturadores da Política Nacional de Desenvolvimento Urbano, que deve ser entendida como um conjunto de princípios, diretrizes e normas que norteiam a ação do Poder Público e da sociedade em geral na produção e na gestão das cidades. A Política Nacional de Desenvolvimento Urbano deve estar inserida num projeto nacional de desenvolvimento econômico e social, integrando por meio de sua transversalidade as políticas setoriais. Políticas territoriais, participação social e destinação de recursos financeiros são de vital importância para combater as disfunções urbanas, as externalidades negativas e desigualdades territorial e social existentes no país (Brasil, 2007).

"Os planos de mobilidade devem atender às premissas da legislação, como a prioridade para meios não motorizados e estímulo do transporte coletivo, contrapondo-se à política nacional ainda em vigor, de incentivo à indústria automobilística por meio da redução de impostos para a aquisição de veículos" (Guarese, 2012, p. 21).

Portanto, de acordo com Guarese (2012), ainda é necessário integrar essas novas regras com a política geral do país, sob pena de a legislação, mesmo quando aplicada, não surtir o efeito desejado. Devem ainda ser compatíveis com as políticas dos planos diretores municipais, e o planejamento de uso do solo deve ser pensado também sob essa ótica. É preciso ainda que o planejamento seja condizente com a realidade de cada município e suas reais necessidades, considerando que, por questões de escala, o transporte coletivo ainda pode ser inviável em municípios pequenos, nos quais, por outro lado, o deslocamento por meios não motorizados pode ser mais viável que em grandes centros.

Segundo Cezario e Bernardinis (2015), o perfil dos municípios brasileiros em 2012, realizado pelo Instituto Brasileiro de Geografia e Estatística (IBGE), mostra que, dos municípios que têm entre 100 mil e 500 mil moradores, 43,6% têm conselhos municipais de transporte e 22,4% têm planos de mobilidade urbana. Nos

38 grandes centros urbanos com mais de 500 mil habitantes, as proporções sobem para 76,3% de cidades com conselhos e 55,3% de cidades com planos de mobilidade urbana.

Sabemos que a porcentagem de municípios que dispõem de planos de mobilidade urbana ainda é muito pequena, o que evidencia a necessidade construí-los. Em cidades com menos de 100 mil habitantes, esse número é ainda menor, pois não há estrutura para a criação do documento, como conselhos e secretarias de transporte. Por isso, tem grande relevância a criação de planos de mobilidade urbana em cidades de pequeno porte, pois é em locais com essas características que é possível reorganizar os diferentes modais e integrá-los com o crescimento urbano de maneira prática e efetiva, prevenindo o futuro sucateamento do sistema viário (Roedel; Bernardinis, 2015).

Conforme Cezario e Bernardinis (2015), o plano de mobilidade urbana das cidades deve ser um marco para a orientação das políticas públicas de transporte e circulação, contemplando os deslocamentos em todas as suas formas e modos, motorizados ou não, e ainda o transporte de carga, a fim de possibilitar acesso amplo e democrático ao espaço urbano. Dessa maneira, o plano deve estar vinculado ao plano diretor e proporcionar o acesso da população às oportunidades e aos serviços da cidade.

A fim de auxiliar a elaboração do plano de mobilidade urbana, atualmente existem algumas ferramentas que facilitam tal processo, uma das quais é a utilização de indicadores de mobilidade urbana sustentável, dos quais trataremos na sequência.

2.2 *Indicadores de mobilidade urbana sustentável*

A conceituação inicial de indicadores remete à seleção de variáveis para auxiliar na operacionalidade de objetivos e na redução da complexidade no gerenciamento de sistemas. Conforme Gudmundsson (2004), indicadores podem nortear políticas e análises técnicas, além de, quando relacionados a metas e objetivos, se tornarem métricas de *performance*.

MacLaren (1996) entende que indicadores simplificam fenômenos complexos, apontando a atual condição ou estado deles. Na maioria dos casos, um conjunto de indicadores é utilizado para caracterizar um determinado problema, visto que apenas um deles dificilmente retratará uma situação completamente.

Assim, indicadores são caracterizados, além de quantitativamente, pela relevância do que se deseja mensurar, pela fácil compreensão e pela confiabilidade e acessibilidade dos dados (Sustainable Measures, 2006).

Martinez e Leiva (2003) ressaltam que, no contexto urbano, indicadores permitem a extração de elementos estruturantes para o planejamento estratégico e a gestão de municípios, tornando-se uma ferramenta relevante em tomadas de decisão com base na análise da evolução do sistema de indicadores propostos para tal. A eficiência de um sistema de indicadores urbanos, segundo os autores, depende da capacidade de análise estrutural da cidade e do comportamento humano, além do monitoramento de deficiências e potencialidades para a verificação da implementação das estratégias propostas e dos impactos delas no meio em que se inserem.

Por sua vez, os indicadores de sustentabilidade urbana integram os aspectos sociais, econômicos e ambientais, abordando visão a longo prazo, equilíbrio e participação de diversos atores, o que permite retratar tais ligações e medir a equidade intergerações e intragerações nas mais diversas regiões geográficas, como afirma MacLaren (1996). Para o autor, bons indicadores de sustentabilidade urbana devem ser cientificamente válidos, representativos de diversas condições, sensíveis a mudanças, passíveis de comparação, de custo razoável para coleta e aplicação e atrativos à mídia.

Da necessidade de incorporar os conceitos de sustentabilidade nos sistemas de mobilidade urbana na gestão e planejamento de cidades surgiram diversos estudos sobre indicadores de mobilidade urbana sustentável, os quais, segundo Gudmundsson (2004), frequentemente são utilizados para comparação de desenvolvimento de sistemas e políticas.

Estados Unidos, Canadá e alguns países da Europa têm adotado indicadores de mobilidade sustentável como um modo de avaliar e monitorar a mobilidade em nível local (Gudmundsson, 2001, 2004). Em cada um desses países foi utilizado um enfoque diferente para o emprego do conceito de mobilidade sustentável valendo-se de indicadores (Nicolas; Porchet; Poimboeuf, 2003).

Silva, Costa e Macedo (2007), nesse contexto, apresentam alguns exemplos: i) na Europa, são adotadas medidas de integração das questões ambientais com as demais políticas públicas; ii) nos Estados Unidos, os indicadores estão sendo empregados para a elaboração de planos estratégicos em todos os níveis; iii) no Canadá, são utilizados elementos e estruturas advindas das experiências europeias e norte-americanas.

Independentemente do enfoque ou da abrangência, no que concerne aos níveis de análise, os indicadores de mobilidade urbana sustentável, segundo o Transportation Research Board (TRB, 2008), devem refletir estes aspectos:

+ processo de tomada de decisão que amplie a qualidade da metodologia de planejamento;
+ respostas às intervenções no sistema de transporte, retratando mudanças nos padrões de viagens;
+ impactos no sistema, como emissões de poluentes e taxas de acidentes;
+ efeitos do sistema de transporte sobre as pessoas e o ambiente;
+ efeitos econômicos, como custos de acidentes para a sociedade.

Gudmundsson (2004), por sua vez, define os seguintes tipos de indicadores de sustentabilidade urbana:

+ **Descritivos:** descrevem o estado ou a tendência da questão a ser analisada, qualitativa ou quantitativamente, como a emissão de CO_2 dos modos de transporte em uma região de estudo.

+ **De *performance*:** comparam estados ou tendências com padrões, normas ou referências, representando métricas, como a emissão de ruídos pelos modos de transporte comparada com os limites de norma.

+ **De eficiência:** incluem proporções, relações ou combinações de tendências descritivas, representando a relação entre os resultados obtidos e os recursos empregados, como a eficiência média dos combustíveis.

+ **De efetividade de políticas:** monitoram o papel das políticas nas mudanças observadas, como o efeito das legislações sobre o limite de emissões de gases nocivos.

+ **Índices:** agregam uma série de indicadores de forma quantitativa, como o Índice de Desenvolvimento Humano (IDH).

O mesmo autor ainda pontua algumas características operacionais importantes dos indicadores de mobilidade, como a qualidade dos dados-base, a provisão de uma figura representativa, a redução da complexidade, a fundamentação teórica baseada em termos técnicos e científicos e a atualização em intervalos regulares, de acordo com processos confiáveis.

2.2.1 Metodologias propostas para a definição de indicadores de mobilidade sustentável

No decorrer dos anos, vários autores propuseram metodologias diferentes para a definição de indicadores de mobilidade urbana sustentável. As propostas mais relevantes para o desenvolvimento desta obra serão descritas mais detalhadamente a seguir.

Proposição de Banister et al. (2000)

Os autores apresentam 17 indicadores obtidos mediante um inventário das questões-chave relacionadas com transporte e desenvolvimento sustentável, tendo por base uma revisão de vários trabalhos. Para cada dimensão da sustentabilidade, são definidos fatores como acessibilidade, segurança e saúde e, para cada um, apresentam-se potenciais indicadores voltados ao desenvolvimento de objetivos para cada questão da sustentabilidade.

Projeto Transplus

O Projeto Transplus (*Transport Planning, Land-Use and Sustainability*) teve como objetivo identificar as melhores práticas com relação às políticas de transporte e uso do solo para obtenção de melhoria da mobilidade urbana na Europa. Isso se deu essencialmente pela redução do uso do automóvel, com vistas à promoção de melhorias ambientais, sociais e econômicas (Magagnin, 2008, citado por Transplus, 2003). O trabalho desenvolveu estudos de caso de dez cidades europeias e, como resultado, apresentou indicadores e políticas integradas de uso do solo e transporte, bem como modelos de análise, resultados de investigação de programas implementados nas cidades analisadas e a eficácia deles, para interessados em estudar ou resolver os problemas de mobilidade (Guarese, 2012). O projeto se propôs, de acordo com Guarese (2012), a estudar o transporte, o uso do solo, a participação da sociedade e a sustentabilidade.

Projeto Propolis

Com 35 indicadores, o Propolis (*Planning and Research of Policies for Land Use and Transport for Increasing Urban Sustainability*) é um projeto de pesquisa que se iniciou em 2000 e promoveu estudos em diversos países, investigando e avaliando políticas e estratégias de desenvolvimento. Segundo Guarese (2012), o projeto teve como objetivo pesquisar, desenvolver e testar o uso integrado da terra e políticas de transporte, ferramentas e metodologias de avaliação global, para definir estratégias de sustentabilidade e demonstrar seus efeitos em cidades europeias. Buscou ainda identificar políticas que poderiam melhorar simultaneamente as três dimensões de sustentabilidade, fazendo a análise mediante indicadores próprios.

Metodologia de Melo (2004)

O autor realizou uma revisão de trabalhos que relacionam o transporte com o uso do solo com o objetivo de definir indicadores de ocupação urbana que tivessem influência na redução do uso do automóvel. Como resultado dessa pesquisa, foram propostos 12 indicadores que o autor considera serem mais facilmente utilizáveis em cidades brasileiras. Podemos observar a preocupação com a estrutura urbana como indutora do processo de redução do uso do automóvel, pois, dos 12 indicadores propostos, 10 estão diretamente relacionados com o aspecto físico da ocupação urbana.

Proposta de Campos e Ramos (2005)

Os autores buscaram conjugar, no desenvolvimento de indicadores de mobilidade sustentável, os atributos da estrutura urbana que incentivam o uso de caminhada e da bicicleta – associados às características de uso do solo que propiciam a utilização desses meios para satisfazer às necessidades e atividades diárias da população residente de uma região – e a utilização do transporte público quando os referidos meios não puderem ser empregados dentro de um limite de uso do transporte não motorizado. É proposto um conjunto de 26 indicadores de mobilidade urbana sustentável cuja definição se obtém com base nas três dimensões da sustentabilidade e na relação destas com a estratégia de ocupação urbana, ou seja, uso do solo, e o transporte.

Sistema Planuts

Composto por 20 indicadores, segundo Zambon et al. (2010), o sistema Planuts, cujo nome é acrônimo de *Planejamento Urbano e de Transportes Integrado e Sustentável*, teve o objetivo de auxiliar no planejamento e monitoramento da mobilidade urbana, principalmente em cidades brasileiras de pequeno e médio portes. Em síntese, trata-se de uma ferramenta computacional destinada a promover um processo integrado e sustentável para elaboração e monitoramento de planos diretores de mobilidade urbana (Zambon et al., 2010). Conforme Magagnin (2008), durante o processo de utilização do sistema Planuts, os avaliadores podem visualizar alguns problemas comuns às cidades de médio porte brasileiras, vinculados à questão da mobilidade urbana. Esse sistema foi desenvolvido também para permitir a definição de indicadores que poderão ser utilizados no processo de avaliação e monitoramento do plano diretor de transporte e mobilidade urbana.

Metodologia Imus

Desenvolvido por Costa (2008), o Imus (Índice de Mobilidade Urbana Sustentável) tem como proposta oferecer uma metodologia capaz de avaliar quantitativamente aspectos pertinentes à mobilidade, incluindo cenários essenciais, como o social, econômico e ambiental. O índice é composto por 87 indicadores agregados em 37 temas, distribuídos em 9 domínios.

2.2.2 Indicadores de mobilidade urbana sustentável no contexto brasileiro

No Brasil, a utilização de indicadores faz parte da política de mobilidade urbana elaborada pelo governo federal, para a qual a definição de um sistema de indicadores é parte integrante dos produtos a serem definidos na elaboração dos planos diretores de transporte e mobilidade municipais. Esse sistema de indicadores pode ser empregado nas etapas de planejamento e monitoração do plano (Magagnin, 2008).

> Algumas ferramentas para auxílio à elaboração dos planos de mobilidade urbana têm sido utilizadas na última década, como a aplicação de indicadores de mobilidade urbana sustentável, apoiando os planos a atingir objetivos econômicos, sociais e ambientais propostos por cenários alternativos e pacotes de políticas públicas, bem como o enfoque de aspectos específicos da sustentabilidade, como acessibilidade, mobilidade e capacidade ambiental. Esse modelo de avaliação pode chamar a atenção para a necessidade da articulação das políticas de transporte, trânsito e acessibilidade, a fim de proporcionar o acesso amplo e democrático ao espaço, de forma segura, socialmente inclusiva e sustentável, além de promover a integração entre as diversas modalidades de transportes. (Kureke; Bernardinis, 2019, p. 32)

A utilização de indicadores como ferramenta de auxílio nos planos de mobilidade urbana pode ser parametrizada mediante quantificação, método de que algumas cidades brasileiras já fizeram uso: São Carlos, Curitiba, Distrito Federal, Belém, Uberlândia, Araraquara, Anápolis e Goiânia. O Índice de Mobilidade Urbana Sustentável (Imus), metodologia proposta por Costa (2008), já mencionada, é capaz de proporcionar tal feito, avaliando aspectos pertinentes à mobilidade e incluindo cenários essenciais, como o social, o econômico e o ambiental.

Além disso, é importante salientar a aplicação escassa desses indicadores e da quantificação deles por meio de um índice em cidades brasileiras, tornando-se evidente a necessidade e a importância deles no tocante à mobilidade urbana como um todo.

Síntese

I. Neste capítulo, vimos políticas de transporte existentes atualmente no Brasil que priorizam a mobilidade das pessoas e a organização espacial do uso do solo, democratizando os espaços públicos de forma universal e equitativa.

II. Para a efetivação de planejamentos estratégicos e a gestão de municípios, indicadores podem ser ferramentas relevantes para tomadas de decisão. Entre os vários apresentados, o Imus representa uma alternativa bastante eficiente para tal função.

Para saber mais

BERNARDINIS, M. A. P.; CEZARIO, H. C.; ROEDEL, L. **Roteiro para elaboração de planos de mobilidade para cidades de pequeno porte.** Curitiba: Setor de Tecnologia da UFPR, 2016.

BERNARDINIS, M. A. P.; DAL BOSCO JUNIOR, A.; LOURENÇO, G. H. Respostas à política nacional de mobilidade urbana: comparativo entre capitais dos incentivos do incentivo ao transporte público e à bicicleta. **Revista Transportes**, Rio de Janeiro, v. 27, n. 2, p. 1-17, 2019.

BRASIL. Ministério das Cidades. Secretaria Nacional de Transporte e da Mobilidade Urbana. **PlanMob:** Caderno de referência para elaboração de plano de mobilidade urbana. Brasília, 2015. Disponível em: <https://antigo.mdr.gov.br/images/stories/ArquivosSE/planmob.pdf>. Acesso em: 7 mar. 2020.

FETRANSPOR. **Guia da mobilidade sustentável.** Rio de Janeiro, 2014.

KUREKE, B. M. C. B.; BERNARDINIS, M. A. P. A utilização de índices e indicadores na efetivação da política de mobilidade urbana brasileira. In: SEMINÁRIO INTERNACIONAL DE INTEGRAÇÃO E DESENVOLVIMENTO REGIONAL, 5., 2018, Toledo.

Para conhecer mais profundamente os estudos sobre planos de mobilidade, bem como os indicadores desenvolvidos para uma mobilidade sustentável, consulte os textos referenciados nesta seção.

Questões para revisão

1. Quais são as oito diretrizes que uma cidade deve atender com relação ao plano de mobilidade?

2. Diferencie e relacione plano diretor e plano de mobilidade.

3. (Fadesp – 2019 – Detran-PA) A política nacional de mobilidade urbana tem por objetivo contribuir para o acesso universal à cidade. Dessa forma, é correto afirmar que:

   a. o plano de mobilidade urbana deverá ser compatibilizado com o plano diretor municipal, existente ou em elaboração, no prazo máximo de cinco anos a partir da entrada em vigor desta Lei.

   b. o plano de mobilidade urbana é obrigatório em municípios acima de 20.000 (vinte mil) habitantes.

c. os municípios com população inferior a 20 mil habitantes devem adequar-se de acordo com o planejamento de trânsito.

d. o prazo para a sistematização de avaliação, revisão e atualização do plano de mobilidade urbana não deve ser superior a cinco anos.

e. nos municípios sem sistema de transporte público coletivo ou individual, o plano de mobilidade urbana deverá ter o foco no transporte cicloviário e hidroviário.

4. (FCC – 2018 – Câmara Legislativa do Distrito Federal) A Lei no 12.587/2012 – que dispõe sobre a Política Nacional de Mobilidade Urbana – está fundamentada nos seguintes princípios:

I. Acessibilidade universal; desenvolvimento sustentável das cidades, nas dimensões socioeconômicas e ambientais; equidade no acesso dos cidadãos ao transporte público coletivo.

II. Eficiência, eficácia e efetividade na prestação dos serviços de transporte urbano; gestão democrática e controle social do planejamento e avaliação da Política Nacional de Mobilidade Urbana.

III. Prioridade dos modos de transportes não motorizados sobre os motorizados e dos serviços de transporte público coletivo sobre o transporte individual motorizado.

IV. Reduzir as desigualdades e promover a inclusão social; promover o acesso aos serviços básicos e equipamentos sociais.

Está correto o que se afirma em:

a. I e II, apenas.

b. I, II, III e IV.

c. II e III, apenas.

d. III e IV, apenas.

e. I, II e III, apenas.

5. A falta de mobilidade urbana sustentável no Brasil pode acarretar serias consequências, tais como o caos no sistema viário das cidades. Entre suas principais causas, podemos destacar, **exceto:**

a. o carrocentrismo presente nas cidades.

b. a falta de investimentos públicos voltados aos transportes não motorizados.

c. a matriz de transporte completamente desequilibrada em prol do veículo motorizado.

d. o uso de recursos voltados a intervenções no espaço público destinado às pessoas.

e. a urbanização acelerada decorrente do processo de industrialização.

Questão para reflexão

1. Com base na Lei n. 12.587/2012, os planos de mobilidade urbana tornam-se também obrigatórios para os municípios com mais de 20 mil habitantes. Sabendo-se que cidades desse porte muitas vezes não dispõem de equipe técnica municipal com conhecimentos tão específicos na área para a elaboração de tal documento e, ainda, considerando-se a escassez de documentos oficiais de referência produzidos por entes federativos, é possível que nessa conjuntura os municípios estejam aptos a cumprir tal obrigatoriedade?

✦ ✦ ✦

capítulo três

Ferramentas para um bom planejamento de transporte urbano

Conteúdos do capítulo:

+ Pesquisas de tráfego.
+ Contagem volumétrica.
+ Tipos e tratamentos de interseções.
+ Estudo de filas.
+ Gestão de tráfego.

Após o estudo deste capítulo, você será capaz de:

1. identificar as principais técnicas existentes para a realização de pesquisas de tráfego, suas funcionalidades, aplicabilidades e relevância destas para um bom planejamento;
2. entender o papel do cálculo de fluxogramas de tráfego no aprimoramento da circulação viária;
3. diferenciar os principais tipos de interseções observadas no meio urbano e suas intervenções para torná-las menos conflituosas;
4. analisar o papel das entidades federais, estaduais e municipais na gestão do tráfego urbano.

O planejamento de transporte tradicional, mesmo que indiretamente, acabou incentivando o uso de modos de transporte motorizados nas cidades, o que fez com que estas se tornassem dependentes da motorização para a maioria dos deslocamentos. Isso se evidencia quando observamos que várias ações do planejamento são voltadas exclusivamente para a melhoria da fluidez. Incentiva-se, dessa forma, o uso ainda mais acentuado dos veículos individuais motorizados. Embora entendamos que essas ações são necessárias, elas seriam bem mais eficientes se pensadas em conjunto com ações também voltadas aos modos não motorizados.

A invasão dos automóveis acelerou o processo de expansão das cidades de forma assimétrica: enquanto em algumas se fez muito presente a verticalização, em outras se observou a expansão horizontal. Diante dessa problemática urbana, neste capítulo, apontaremos, com base na apresentação de algumas estratégias e de alguns dispositivos, algumas soluções para a melhoria da mobilidade urbana das cidades, enfatizando o importante papel da engenharia de tráfego.

3.1 Pesquisa de tráfego

De acordo com o Departamento Nacional de Infraestrutura de Transportes (Dnit, 2006), o principal objetivo com a realização das pesquisas de tráfego é a obtenção, por meio de métodos sistemáticos de coleta, de dados que caracterizem elementos fundamentais do tráfego: os motoristas, os pedestres, os veículos, as vias e o meio ambiente, além da forma como esses elementos se inter-relacionam.

Conforme Akishino e Pereira (2008), dos estudos e das pesquisas de tráfego resultam os conhecimentos sobre a quantidade de veículos que circulam pela via analisada em determinado período de tempo, as respectivas velocidades, os locais onde se concentram acidentes de trânsito e demais análises a serem julgadas como necessárias.

De acordo com Bernardinis (2016), os estudos de tráfego podem, ainda, incluir projeções da situação futura com relação à geração e à distribuição do tráfego analisado, podendo-se fazer essas projeções com o auxílio de simuladores de tráfego. As previsões acerca da situação de tráfego permitem a identificação das necessidades de circulação no futuro, o que pode ser usado no planejamento da rede desde o momento atual.

Vamos detalhar o tema da simulação de tráfego no Capítulo 5 deste livro; porém, aqui é necessário explicitar quais são os objetivos pretendidos com essas pesquisas, de modo a possibilitar a identificação do tipo de pesquisa a ser utilizado de acordo com a necessidade. Nesse sentido, afirma Pietrantonio (1991, p. 34, grifo do original):

> A programação e preparação da pesquisa são algumas das responsabilidades do engenheiro supervisor e devem servir para informar as atividades a serem executadas e fornecer os meios para isso.
>
> Uma pesquisa sobre conflitos de tráfego numa interseção em geral **envolve como atividades a observação do local, a preparação de um esquema de situação, a escolha de um local adequado para observação, a execução de contagens de conflitos, a execução de contagens de tráfego e a verificação dos formulários preenchidos.**

No campo da engenharia de tráfego, inúmeras pesquisas podem ser realizadas, cada qual com um objetivo específico. Entre as existentes, vamos nos concentrar nas pesquisas de contagem volumétrica, na pesquisa origem-destino (O/D) e nas pesquisas sobre velocidade e ocupação de veículos.

3.1.1 Contagem volumétrica

As contagens volumétricas permitem identificar a quantidade de veículos que passam em um segmento em uma unidade de tempo, sendo definidos o sentido de deslocamento e o tipo de veículo. Podem ser:

+ **contagens normais:** volume total, independentemente da direção;
+ **contagens direcionais:** usadas para análise da capacidade e determinação de intervalo de séries;
+ **contagens em interseções:** utilizadas na análise de elevado número de acidentes nas interseções;
+ **contagem de pedestres:** empregadas no estudo de implantação de dispositivos de sinalização para a travessia de pedestres.

3.1.2 Pesquisa origem-destino (O/D)

A pesquisa origem-destino (O/D) muitas vezes é caracterizada como "censo do planejador de transportes", já que procura obter de forma completa o perfil das viagens de determinada população. Além disso, engloba dados socioeconômicos. Nesse sentido, visa determinar não apenas os deslocamentos de origem e destino, mas também os motivos de viagem, a frequência, entre outros elementos.

Existem diversos métodos para aplicação de uma O/D, alguns dos quais são apresentados na sequência:

+ **Entrevistas na via:** são mais utilizadas em rodovias, mas especificamente no caso de vias urbanas, uma vez que é difícil realizá-las.
+ **Sinais nos veículos:** trata-se da utilização de uma etiqueta especial que é colocada no veículo no momento em que ele entra na área de estudo, sendo recolhida quando ele a abandona. O motorista deve conhecer a operação que se realiza,

sendo informado de que deve entregar a etiqueta ao abandonar a área.

+ **Pesquisas em estacionamento:** as áreas dos estacionamentos são os destinos dos veículos. No departamento de trânsito, obtêm-se informações sobre os endereços dos proprietários, que representam as origens.

+ **Pesquisas por telefone:** não são um método muito utilizado em nosso país, mesmo sendo prático e cômodo, graças ao alto índice de recusa.

+ **Pesquisa domiciliar:** é o instrumento mais completo de análise do uso do sistema de transporte de uma região. Trata-se do processo mais empregado em trabalhos de planejamento de transportes. Registra o padrão de demanda atual de viagens em conjunto com o perfil socioeconômico, revelando hábitos e preferências.

As informações coletadas são úteis para identificar desvios de tráfego gerados por alterações no sistema viário, estimar taxas de crescimento e determinar custos operacionais e de manutenção.

3.1.3 Pesquisa de velocidade pontual

Conforme a Companhia de Engenharia de Tráfego (CET, 1982), o objetivo da pesquisa de velocidade pontual é determinar a velocidade com que os veículos passam em determinado ponto da via. Existem certos parâmetros que estão associados à segurança na circulação dos veículos, como condições geométricas, influência do tráfego, tipologia da via e condições climáticas. O objetivo, entretanto, da engenharia de tráfego é, dada a velocidade utilizada pelos motoristas, analisar como pode ser mantida a segurança na circulação.

Esse tipo de pesquisa ainda é útil na determinação de locais onde devem ser implantados controladores de velocidade, na determinação de elementos para o projeto geométrico das vias (curvaturas, superelevação etc.), em estudos de acidentes etc. A obtenção de dados pode ocorrer mediante o uso de cronômetro, radares, detectores eletrônicos ou de pista etc.

3.1.4 Pesquisa de ocupação veicular

Segundo a CET (1982) e o Dnit (2006), o objetivo da pesquisa de ocupação veicular é conhecer o número médio de pessoas que é transportado nos veículos analisados (que geralmente são automóveis, táxis e ônibus). Esses dados têm importância na análise de possíveis reduções de congestionamento, na avaliação da eficiência do transporte particular e coletivo, bem como em avaliações econômicas mediante determinação de custos de tempo de viagem.

Nesse contexto de avaliação da ocupação de veículos, é interessante destacar uma medida utilizada em larga escala nos estados norte-americanos, por exemplo, e mais recentemente aplicada no Brasil. O *high ocuppancy vehicle* (HOV), ou *carpool lane*, é uma política de destinação de faixas de tráfego exclusivas para veículos que transportam mais de um passageiro. Dessa forma, procura-se reduzir o tempo de viagem para os usuários que optam por utilizar um sistema de caronas, o que acaba por reduzir o volume de veículos nas ruas.

3.2 Fluxograma de tráfego

A ferramenta mais utilizada para análise das contagens volumétricas classificatórias direcionais são os chamados *fluxogramas de tráfego*. Eles têm como objetivo mostrar os movimentos que podem ser realizados em uma interseção. De posse desses dados, então, é possível elaborar com maior detalhamento e assertividade o projeto da interseção em estudo (Bernardinis, 2016).

De acordo com Bernardinis (2016), os fluxogramas de tráfego são, via de regra, elaborados em veículos por hora e transformados em unidade de carro de passeio por hora (UCP/hora). Para tal transformação, é necessário converter ônibus e caminhões em veículos de passeio. A Tabela 3.1 mostra, conforme o *Manual de estudos de tráfego* do Dnit (2006), os fatores de equivalência em carros de passeio para caminhões/ônibus, reboques/semirreboques, motocicletas, bicicletas e veículos sem identificação, respectivamente.

Tabela 3.1 – Fator de equivalência em carros de passeio

Tipo de Veículo	VP	CO	SR/RE	M	B	SI
Fator de Equivalência	1	1,5	2	1	0,5	1,1

Fonte: DNIT, 2006, p. 56.

Com base no conhecimento do fluxograma de tráfego de um dia de análise, é possível obter o fluxograma de tráfego de uma hora ao multiplicar pelo pico horário (K) o tráfego diário obtido. O pico horário, por sua vez, é a razão entre o volume na hora pico e o volume em 24 horas.

3.3 *Interseções urbanas*

Uma interseção pode ser entendida como a área onde duas ou mais vias se cruzam ou se unificam. Vale ressaltar que a qualidade do projeto de uma rodovia, quando nos referimos a eficiência, segurança, custos de operação, capacidade e velocidade, é afetada significativamente pela qualidade do projeto das interseções inseridas naquela rodovia. Analogamente, a mesma tratativa é relevante em vias urbanas (Akishino; Pereira, 2008).

O *Manual de projeto de interseções* do Dnit (2005) aponta os tipos de interseções, que podem ser de mesmo nível, e as interconexões.

3.3.1 Interseções de mesmo nível

As interseções de mesmo nível podem ser diretas ou rotatórias. Vejamos a seguir como cada tipo se caracteriza.

Direta

As interseções com três ramos são chamadas de *interseções em T* ou *em Y*. De acordo com Dnit (2005, p. 134), "quando 2 ramos formam uma via contínua e são interceptados por um terceiro ramo num ângulo de 70 graus e 110 graus, tem-se uma interseção em T".

Figura 3.1 — Interseção de três ramos com ângulo de 70° a 110°

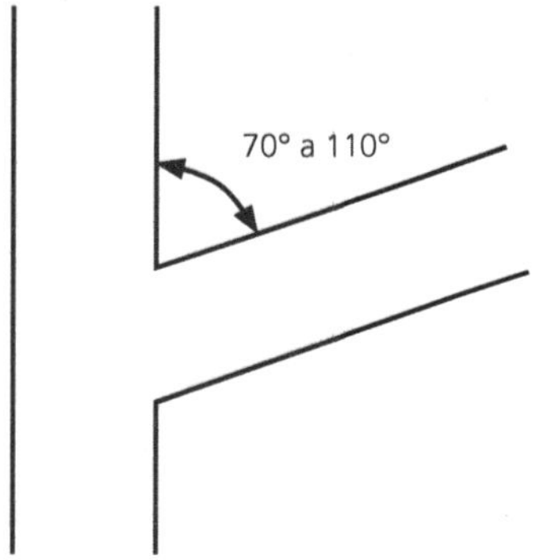

Ainda conforme o Dnit (2005, p. 417), "quando o ângulo for menor do que 70 graus, a interseção é em Y."

Figura 3.2 – Interseção de três ramos com ângulo menor do que 70°

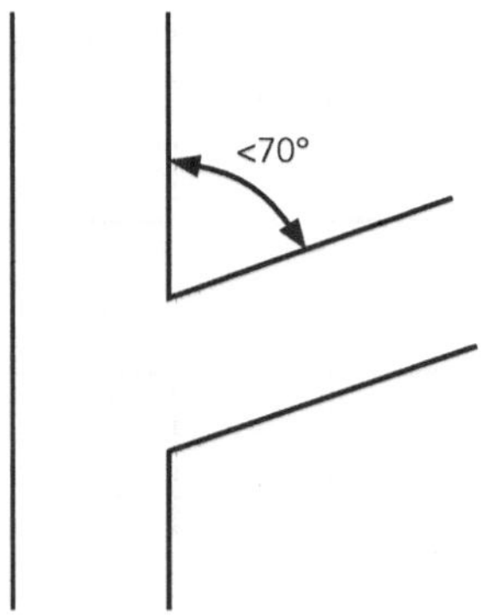

As interseções com quatro ramos podem ser oblíquas, retas ou assimétricas ou defasadas (Dnit, 2005).

Figura 3.3 – Interseção com quatro ramos com ângulos de 70° a 110°

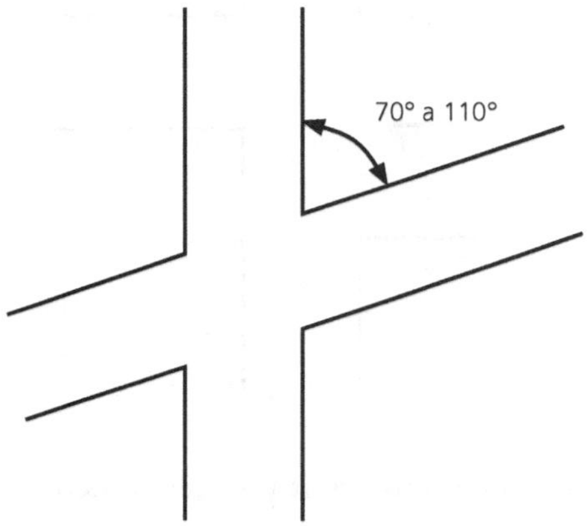

Figura 3.4 – Interseção de quatro ramos com ângulos retos

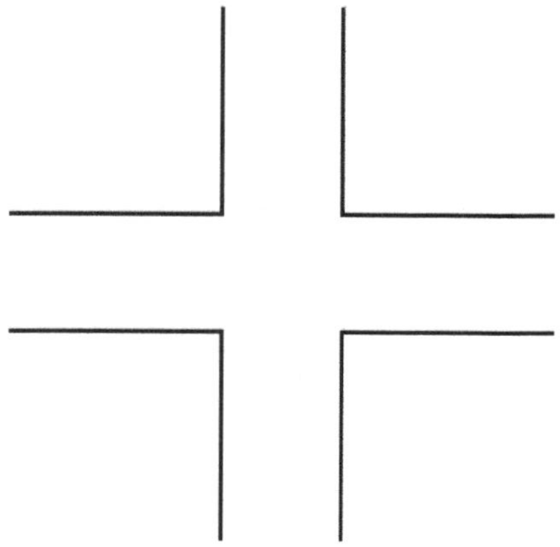

Figura 3.5 – Interseção de quatro ramos defasada ou assimétrica

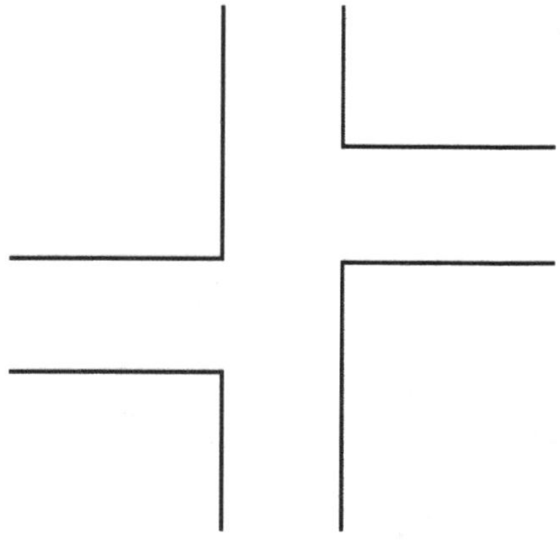

As interseções com ramos múltiplos têm cinco ou mais ramos.

Figura 3.6 – Interseção com ramos múltiplos

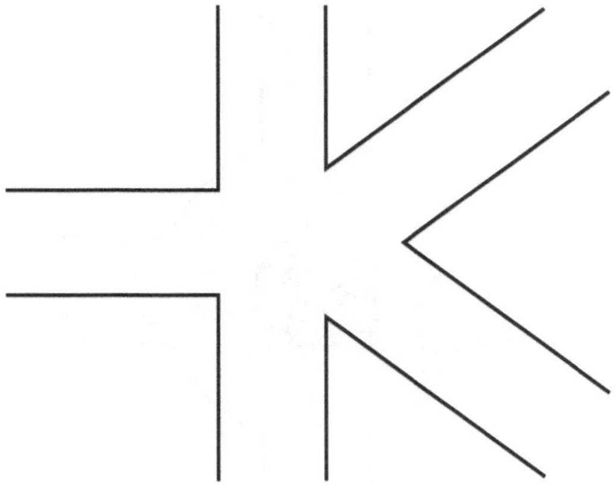

Rotatórias (ou rótulas de tráfego)

As rotatórias são interseções em nível compostas por uma ilha central, utilizada para permitir que todos os movimentos possíveis sejam realizados com a maior eficiência e segurança possíveis, evitando-se, dessa forma, que ocorram acidentes por baixa velocidade. Esses dispositivos são indicados para locais com tráfego intenso e grandes fluxos de conversão à esquerda, sendo ainda necessário haver distâncias suficientemente grandes entre as aproximações para permitir o entrelaçamento (Akishino; Pereira, 2008).

Figura 3.7 – Rotatória

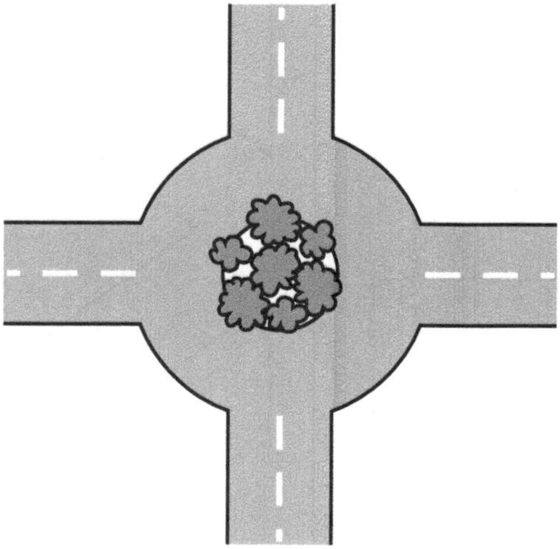

Existem também, conforme indicado por Akishino e Pereira (2008), as minirrotatórias, caracterizadas por raios menores que 1 m, demarcadas com pintura no centro de um cruzamento. A principal função das minirrotatórias é a diminuição da quantidade de conflitos em interseções com baixo tráfego e altos índices de acidentes, possibilitando a redução da velocidade e a ordenação das conversões.

3.3.2 *Interconexões*

Segundo Akishino e Pereira (2008), as interconexões são cruzamentos com rampas de conexão para movimentos entre as vias que se cruzam, havendo a necessidade de realizar obras especiais que separem verticalmente duas ou mais vias cujos traçados se cruzam, o que, dessa forma, permite que os tráfegos sofram interferências.

Entre as vantagens do uso das interconexões estão as seguintes:

+ oferecem maior segurança e boa velocidade;
+ adaptam-se a diversos ângulos de cruzamento;
+ evitam paralisações e grandes mudanças de velocidades.

Entre as desvantagens estão os seguintes aspectos:

+ são bastante onerosas;
+ provocam modificações indesejáveis no perfil da via;
+ às vezes são antiestéticas em vias urbanas e oferecem difícil adaptação para muitos ramos.

Os principais usos das interconexões têm relação com:

a. a eliminação de gargalos ou pontos de grande congestionamento, onde o tráfego não tem suporte suficiente por intervenções em mesmo nível;
b. a mitigação de acidentes de trânsito ocorridos por falta de visibilidade;
c. volumes de tráfego muito elevados (Akishino; Pereira, 2008).

3.3.3 Tratamento de interseções

É necessário realizar tratamentos em interseções, de acordo com Akishino e Pereira (2008), pois é nelas que ocorre a maioria dos acidentes envolvendo veículos e pedestres. Assim, na sequência, apresentaremos casos que podem acontecer em locais com condições diferentes e muitas vezes específicas.

"O uso de faixas de canteiro central exclusivas remove das faixas de tráfego direto os veículos convertendo à esquerda, reduzindo o número de colisões frente-fundo."
(Akishino; Pereira, 2008, s.p.)

Figura 3.8 – Exemplo de uso de faixas de canteiro central para faixa exclusiva à esquerda

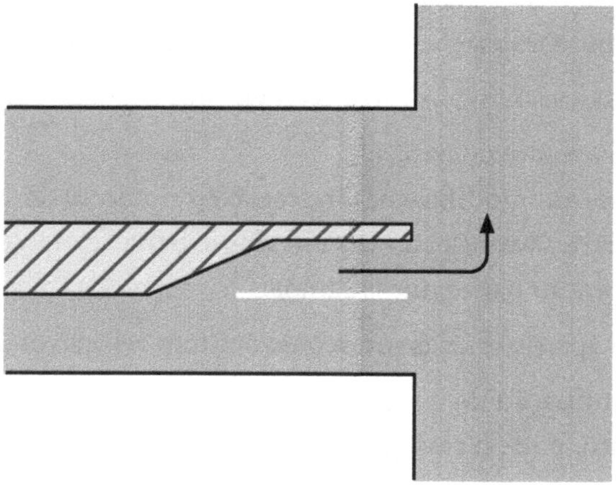

"A proibição de entradas à esquerda conduz os veículos para interseções sinalizadas mais seguras." (Akishino; Pereira, 2008, s.p.)

Figura 3.9 – Exemplo de proibição de entradas à esquerda

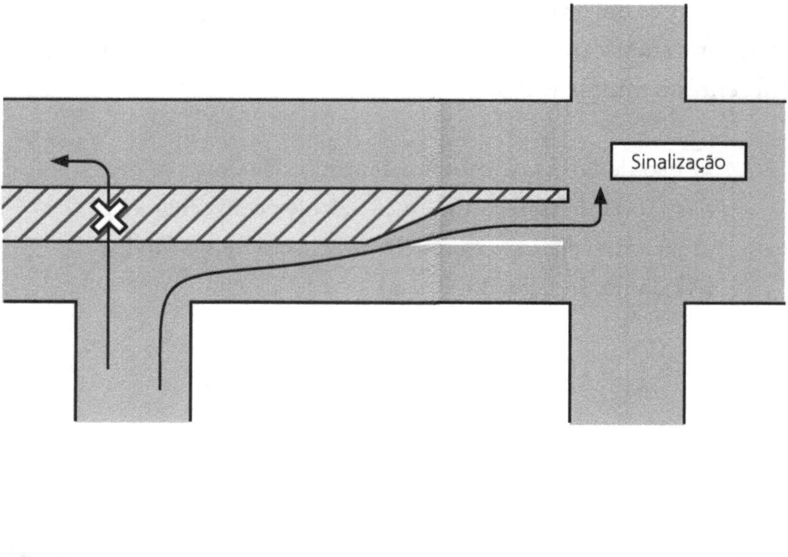

"O projeto das faixas de conversão à esquerda deve permitir uma desaceleração confortável e segura. Os 'tapers' devem ser suaves. Porém devem ser curtos o suficiente para não levar o tráfego direto a usá-los inadvertidamente." (Akishino; Pereira, 2008, s.p.)

Figura 3.10 – Exemplo de área de desaceleração

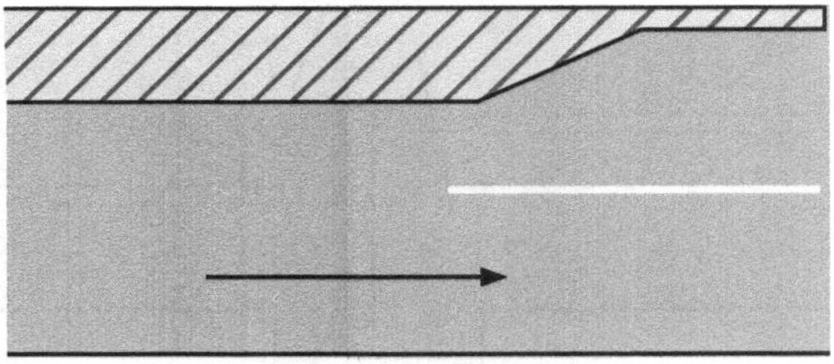

"O uso de faixas exclusivas de conversão à esquerda em interseções com semáforos melhora a operação ao facilitar os esquemas de distribuição das fases do semáforo. Permite também ajustamento mais fácil e consistente com a variação do tráfego ao longo do dia." (Akishino; Pereira, 2008, s.p.)

Figura 3.11 – Exemplo de faixa exclusiva à esquerda em interseções semaforizadas

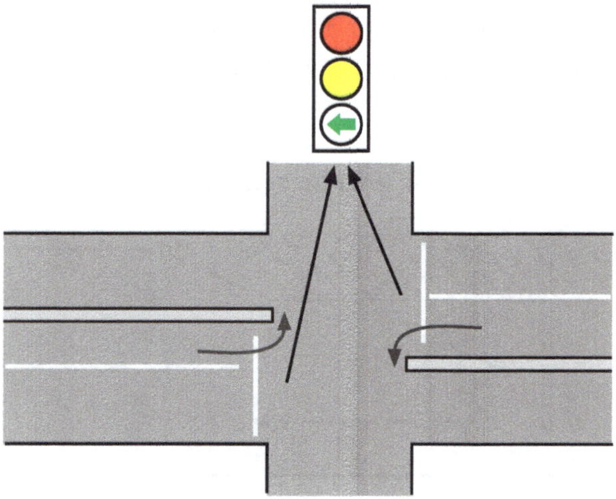

"Intervalos adequados entre interseções, combinados com controle de acesso, separam e reduzem os pontos de conflito ao longo de um corredor." (Akishino; Pereira, 2008, s.p.)

Figura 3.12 – Exemplo de intervalos entre interseções

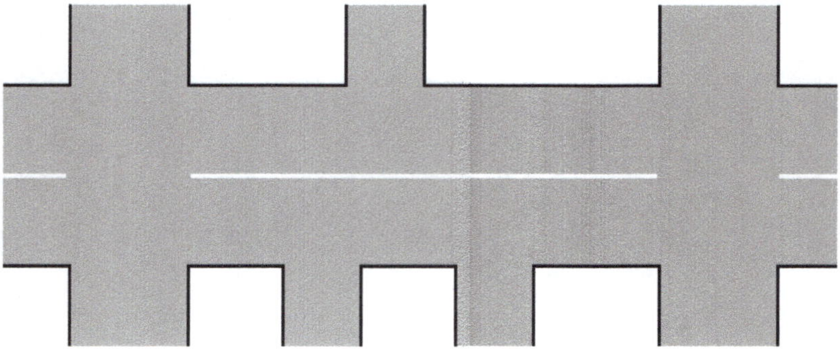

Figura 3.13 – Exemplo de canteiro central como refúgio

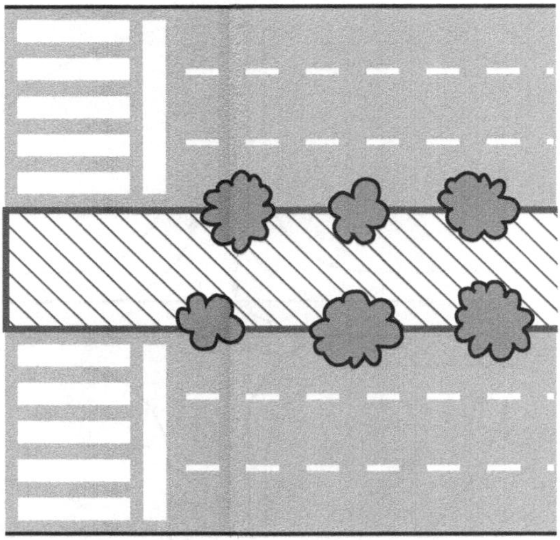

"Canteiros centrais de largura adequada fornecem refúgio a meio caminho para pedestres cruzando avenidas largas. Com o refúgio central dos pedestres podem se concentrar em um sentido de cada vez." (Akishino; Pereira, 2008, s.p.)

3.3.4 Análise dos fluxogramas de tráfego e consequente definição do tipo de interseção

As normas suecas que tratam dos projetos em interseções, recomendadas pelo Departamento Nacional de Estradas de Rodagem (DNER) e atualizadas pelo *Manual de projeto de interseções* (Dnit, 2005), esclarecem melhor a necessidade de a interseção ser em mesmo nível ou não. De acordo com esse manual, a referida análise deve ser realizada pela verificação dos mais variados fluxos de movimentos dos veículos (Bernardinis, 2016), como mostra a Figura 3.14.

Figura 3.14 – Fluxos de movimentação dos veículos

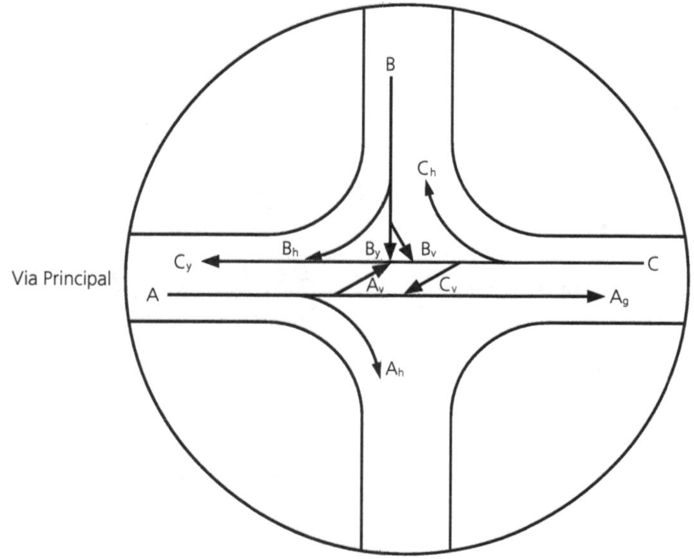

Fonte: Dnit, 2005, p. 511.

O gráfico da Figura 3.15 é utilizado para verificar se é necessário o uso de ilha divisória na via Secundária.

Figura 3.15 – Necessidade de refúgio

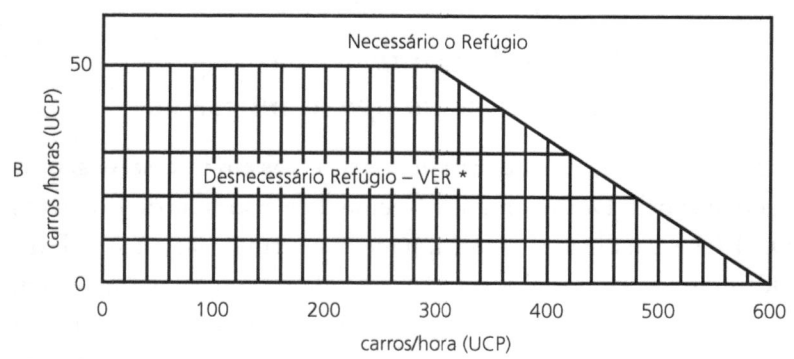

* A ou C (escolher o maior valor)

Se o ângulo de cruzamento entre a Via Principal e a Secundária for inferior a 75°, colocar refúgio.

Fonte: Dnit, 2005, p. 513.

Com relação à verificação da necessidade de faixas específicas para as correntes de tráfego que giram à esquerda e à direita, utiliza-se o gráfico da Figura 3.16.

Figura 3.16 – Saída especial

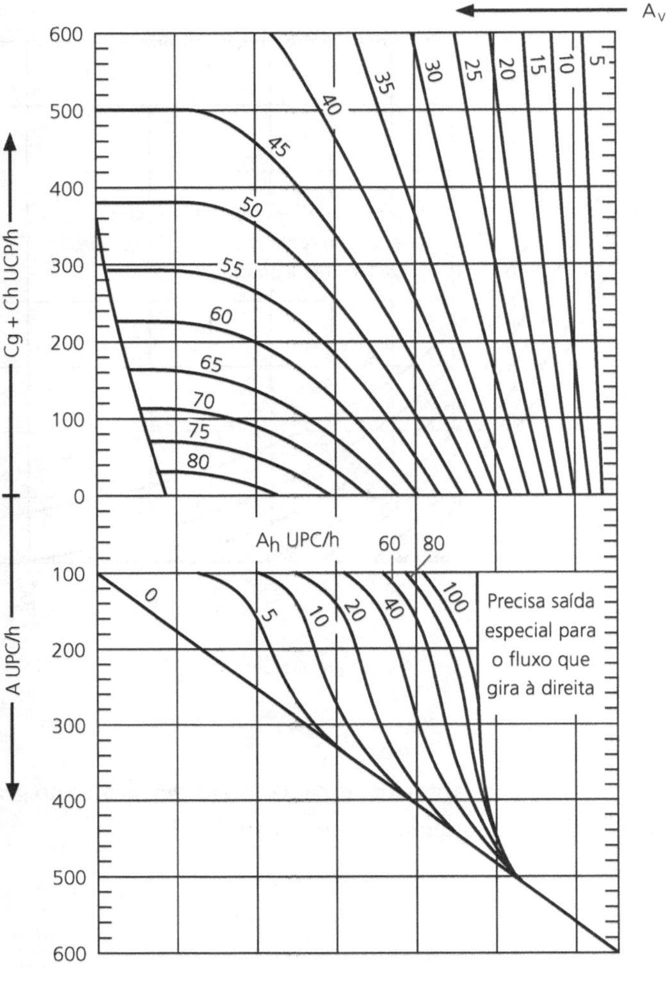

Fonte: Dnit, 2005, p. 514.

Ainda é preciso verificar se há necessidade de separar pontos de conflito com base no gráfico da Figura 3.17. Se for necessária a separação, passa-se para o próximo item.

Figura 3.17 – Separação de pontos de conflito

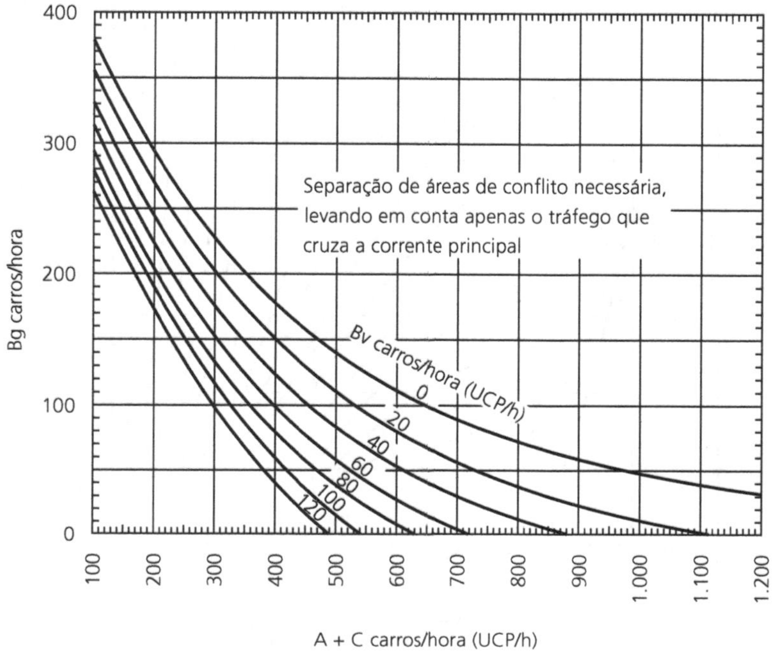

Fonte: Dnit, 2005, p. 515.

Por fim, caso o item anterior seja necessário, verifica-se no gráfico da Figura 3.18 a necessidade de separação de níveis.

Figura 3.18 – Separação de níveis

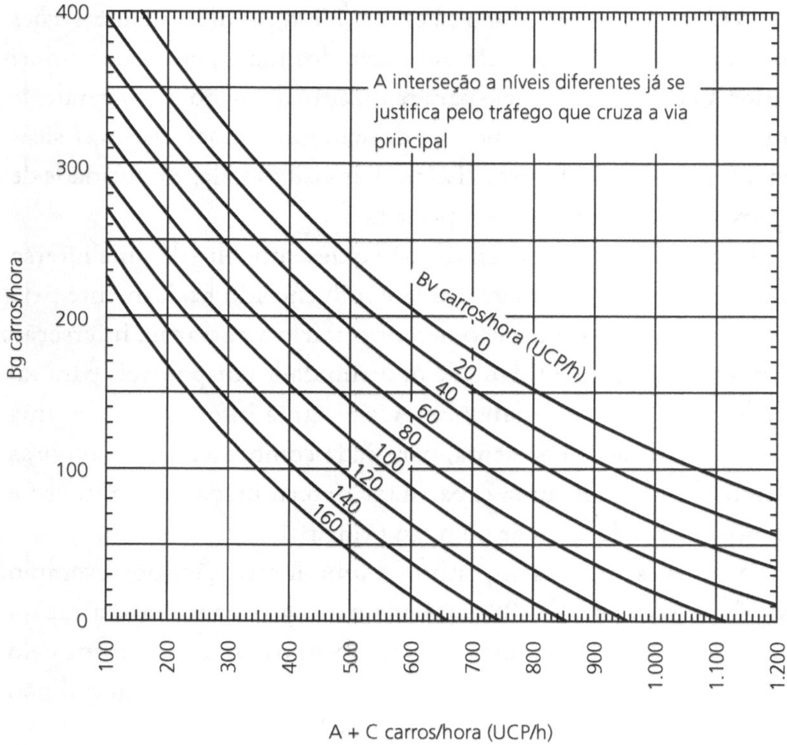

A interseção a níveis diferentes já se justifica pelo tráfego que cruza a via principal

Eixo vertical: Bg carros/hora (0, 100, 200, 300, 400)

Curvas: Bv carros/hora (UCP/h) — 0, 20, 40, 60, 80, 100, 120, 140, 160

Eixo horizontal: A + C carros/hora (UCP/h) (100, 200, 300, 400, 500, 600, 700, 800, 900, 1.000, 1.100, 1.200)

Fonte: Dnit, 2005, p. 516.

Apesar de se tratar de uma metodologia sueca, se feitas as devidas adequações, ela pode ser utilizada perfeitamente para a definição e a tipologia das interseções de acordo com os fluxos apresentados. Se isso fosse, por exemplo, um exercício realizado em diversos pontos de uma cidade, muitas problemáticas urbanas poderiam ser resolvidas com as adequações propostas.

3.3.4 Estudo de filas

De acordo com Akishino e Pereira (2008), as filas em interseções não semaforizadas ocorrem em razão dos movimentos não prioritários. O tempo necessário para realização da manobra depende de inúmeros fatores, tais como tipo de manobra, características físicas da interseção (raio de giro, distância de visibilidade) e velocidade de aproximação do tráfego não prioritário.

Os autores apontam, ainda, que o desempenho de uma interseção em nível e não semaforizada é influenciado basicamente pelo tempo requerido do tráfego não prioritário a entrar na interseção, bem como pela quantidade de oportunidades disponíveis para tal tráfego realizar essa manobra. Assim, uma interseção com uma dada configuração apresenta, para cada combinação de manobras e tipos de veículos, uma capacidade determinada pelo número e comprimento de brechas no fluxo principal.

Na análise do desempenho de uma interseção, por exemplo, Akishino e Pereira (2008, s.p.) afirmam que "não só a sua capacidade deve ser considerada como também os atrasos sofridos pelo tráfego não prioritário, já que teoricamente o fluxo principal não sofre retardamento devido à interseção".

Na medida em que o comprimento médio das brechas diminui com o aumento do fluxo principal, tende a aumentar o atraso médio do tráfego não prioritário. Com isso, aumenta a propensão de os usuários assumirem riscos (isto é, a aceitação de brechas inferiores às desejadas), o que pode ter implicações sérias na segurança do tráfego.

Nesse sentido, o engenheiro de tráfego, ao projetar uma interseção, objetiva principalmente definir uma configuração geométrica e um método de controle que minimizem os atrasos e os riscos.

Conceitos importantes no estudo de filas

A seguir, apresentaremos alguns conceitos essenciais ligados ao estudo de filas, conforme Akishino e Pereira (2008, s.p.):

+ **Espaçamento (*spacing*):** é "a distância entre veículos sucessivos numa mesma corrente de tráfego, medidas na prática de para-choque a para-choque. Também conhecido como '*Headway* espacial'".

+ **Headway:** "é definido como sendo o intervalo de tempo entre veículos sucessivos quando eles passam por um ponto da via, da mesma forma medido de para-choque a para-choque. Também conhecido como '*Headways* temporais'".

+ **Brecha (*gap*):** "é o intervalo de tempo entre a passagem da traseira e da frente de dois veículos consecutivos. Assim, a brecha representa um melhor indicador, do que o *headway*, do tempo disponível e que pode ser (ou não) aproveitado pelo tráfego que pretende entrar na via principal".

De acordo com o Departamento Nacional de Trânsito (Denatran, 1984, 1987), as brechas indicadas na Tabela 3.2 devem ser consideradas para os diversos casos.

Tabela 3.2 – Brechas

Via principal	Manobra e tipo de situação em que se realiza a manobra	Brechas selecionadas	
		Velocidade de projeto	
		< 65 km/h	> 65 km/h
Pista simples ou pista dupla	Movimento de virada à direita, a partir da via secundária	4 s	6 s
Pista simples	Movimento de cruzamento da via principal, a partir da via secundária até o canteiro central; ou conversão à esquerda do veículo na via principal	4 s	6 s
Pista simples	Movimento de cruzamento da via principal, a partir da via secundária	6 s	8 s
Pista simples	Movimento de virada à esquerda, a partir da via secundária	8 s	10 s

(continua)

(Tabela 3.2 – conclusão)

Via principal	Manobra e tipo de situação em que se realiza a manobra	Brechas selecionadas	
		Velocidade de projeto	
		< 65 km/h	> 65 km/h
Pista dupla	Movimento de virada à esquerda proveniente da via secundária, a partir do canteiro central convergindo para a 1ª faixa; cruzamento até o canteiro central; cruzamento do canteiro central em diante; movimento de virada à esquerda do fluxo da via principal	6 s	8 s
Pista dupla	Movimento de virada à esquerda proveniente da via secundária, a partir do canteiro central convergindo para a 2ª faixa	8 s	12 s

Fonte: Elaborado com base em Denatran, 1984, 1987.

Existem diversos métodos utilizados para o cálculo dos atrasos ou demoras. A seguir, mostraremos alguns desses modelos.

a. **Expressão de cálculo adotada pelo Denatran (1984, 1987)**

$$a = d = \frac{e^{q\alpha} - 1}{q} - \alpha$$

Em que:

- ✦ a = d – atraso médio (demora) por veículo que realiza uma certa manobra (s/veic.)
- ✦ q – volume de veículos conflitantes na via principal (veic./s)
- ✦ α – brecha no fluxo da via principal aceita pelo tráfego da via secundária para realizar a manobra em questão
- ✦ e – base dos logaritmos neperianos = 2,718

b. **Generalização de Troutbeck**

$$C_2 = \theta_L \cdot \frac{e^{-\gamma(\alpha-\beta_1)}}{\left(1 - e^{-\gamma\cdot\beta_2}\right)} \cdot q_1 \text{ com}$$

$$\gamma = \frac{\theta_L \cdot q_1}{1 - \beta_1 \cdot q_1}$$

$$\theta_L = 1 - \theta_p$$

$$\beta_2 = \frac{\alpha}{4} + 1,5$$

Adotar $\beta_1 = 2,25$ a $2,5$ para 1 faixa por sentido e $1,0$ para mais de uma faixa por sentido.

Em que:

+ C_2 – capacidade da via
+ q – fluxo de tráfego
+ θ_L – proporção do fluxo fora do pelotão (fluxo largado)
+ θ_p – proporção do fluxo em pelotões com variação por faixa
+ β_1 – intervalo mínimo no fluxo principal

c. **Método de Siegloch**

$$C_2 = \frac{e^{-q_1 \cdot \alpha_2}}{\beta_2}$$

Em que: $\alpha_2 = \alpha - \dfrac{\beta_2}{2}$

$$\beta_2 = \frac{\alpha}{4} + 1,5 \text{ (s)}$$

d. Fórmulas estacionárias (para X < 1)

+ Espera pela brecha (atraso do veículo no topo da fila)

$$Dmin = \frac{e^{q_1 \cdot (\alpha - \beta_1)}}{q_1 \cdot (1 - q_1 \cdot \beta_1)} - \alpha - \frac{1}{q_1} - \frac{q_1 \cdot \beta_1^2}{2} \quad (1° \text{ veículo})$$

[Depende de qual é a manobra do veículo no topo da fila.]

+ Espera total (incluindo tempo para chegar ao topo da fila)

$$d_2 = \frac{Dmin + \eta \cdot X_2}{1 - X_2}, X_2 = \frac{q_2}{C_2}, \eta = \frac{e^{q_1 \cdot \beta_2} - q_1 \cdot \beta_2 - 1}{q_1 \cdot \left(e^{q_1 \cdot \beta_2} - 1\right)}$$

Em que:

+ X – grau de saturação ou índice de congestionamento

Se X> 1, a faixa está congestionada. X é indicativo de quanto a capacidade da interseção está sendo utilizada. Quanto maior for o C, menor será o X.

+ d_2 – espera total
+ η – parâmetro relacionado ao atraso

e. Fórmula dinâmica (para X > 1)

$$d_2 = d_c + d_Q$$

$$d_c = \frac{1}{C_2}$$

$$d_Q = \frac{T_p}{4} \cdot \left[(X - 1) + \sqrt{(X - 1)^2 + \frac{8 \cdot k \cdot X}{C_2 \cdot T_p}} \right]$$

Em que:

+ T_p – período de sobredemanda = 0,25 hora = 15 minutos = 900 s
+ d_c – tempo no topo da fila (s)

+ d_Q – tempo na fila (s)
+ $k = 1$
+ X – grau de saturação ou índice de congestionamento

Fórmula da fila para as duas situações (dinâmica/estacionária):

$$n_2 = q_2 \cdot d_2 \quad X_2 = \frac{q_2}{C_2}$$

3.4 *Pesquisa e políticas de tráfego*

O fato de o trânsito ser uma questão crítica para o Brasil e ser um assunto complexo por envolver a vida, o meio ambiente, a economia e a política motivou a elaboração da Política Nacional de Trânsito (PNT). A PNT é baseada em cinco diretrizes, dispostas no art. 6º do Código de Trânsito Brasileiro (CTB): i) segurança viária; ii) fluidez; iii) conforto no trânsito; iv) defesa ambiental; e v) educação para o trânsito (Brasil, 1997).

A Política Nacional de Mobilidade Urbana, como já vimos, foi regulamentada pela Lei n. 12.587, de 3 de janeiro de 2012, e objetiva definir diretrizes a serem seguidas pelos municípios de todo o território nacional no que concerne ao Sistema Nacional de Mobilidade Urbana (SNMU). Este consiste no conjunto dos modos de transporte, de serviços e de infraestrutura que garante o deslocamento de pessoas e cargas.

Para que a política pública de trânsito de fato seja efetivada, de acordo com a referida lei, cada ente federativo tem uma série de competências, que listamos a seguir.

Cabe à União (art. 16):

I – prestar assistência técnica e financeira aos Estados, Distrito Federal e Municípios, nos termos desta Lei;

II – contribuir para a capacitação continuada de pessoas e para o desenvolvimento das instituições vinculadas à Política Nacional de Mobilidade Urbana nos Estados, Municípios e Distrito Federal, nos termos desta Lei;

III – organizar e disponibilizar informações sobre o Sistema Nacional de Mobilidade Urbana e a qualidade e produtividade dos serviços de transporte público coletivo;

IV – fomentar a implantação de projetos de transporte público coletivo de grande e média capacidade nas aglomerações urbanas e nas regiões metropolitanas;

V – fomentar o desenvolvimento tecnológico e científico visando ao atendimento dos princípios e diretrizes desta Lei; e

VI – prestar, diretamente ou por delegação ou gestão associada, os serviços de transporte público interestadual de caráter urbano. (Brasil, 2012)

Cabe aos estados (art. 17):

I – prestar, diretamente ou por delegação ou gestão associada, os serviços de transporte público coletivo intermunicipais de caráter urbano, em conformidade com o § 1º do art. 25 da Constituição Federal;

II – propor política tributária específica e de incentivos para a implantação da Política Nacional de Mobilidade Urbana; e

III – garantir o apoio e promover a integração dos serviços nas áreas que ultrapassem os limites de um Município, em conformidade com o § 3º do art. 25 da Constituição Federal. (Brasil, 2012)

Cabe aos municípios (art. 18):

> I – planejar, executar e avaliar a política de mobilidade urbana, bem como promover a regulamentação dos serviços de transporte urbano;
>
> II – prestar, direta, indiretamente ou por gestão associada, os serviços de transporte público coletivo urbano, que têm caráter essencial;
>
> III – capacitar pessoas e desenvolver as instituições vinculadas à política de mobilidade urbana do Município. (Brasil, 2012)

Com base no entendimento das funções das entidades federativas, os seguintes questionamentos podem surgir:

+ Qual é o papel do gestor de tráfego (trânsito)?
+ Quem é o gestor de tráfego?

O gestor de tráfego é o agente público que, quando alocado em secretarias de trânsito, tem a função de planejar a cidade no âmbito da mobilidade urbana.

De acordo com o Denatran (2016, p. 8), "Um(a) gestor(a) de trânsito é, antes de tudo, um(a) gestor(a) público(a). Portanto, seu trabalho deve ser voltado ao bem público, ou seja, ao bem da sociedade".

Isso significa que um bom gestor de tráfego pensa na cidade para as pessoas, ressignificando o trânsito, a fim de torná-lo democrático e acessível a toda a população.

3.4.1 Ciclo de políticas públicas

A elaboração das políticas públicas passa por um ciclo composto por fases sequenciais e interdependentes. O modelo que será visto aqui é constituído por sete fases principais: i) identificação do problema; ii) formação de agenda; iii) formulação de alternativas; iv) tomada de decisão; v) implementação; vi) avaliação; e vii) extinção.

Identificação do problema

Conforme Sjöblom (1984), a identificação do problema envolve as seguintes ações:

+ Percepção do problema: trata-se de uma questão subjetiva, pois um problema público existe no pensamento das pessoas, originado por uma situação insatisfatória que afeta um grupo de atores.
+ Definição ou delimitação do problema: é a síntese da essência do problema, indicando norteadores para a identificação de causas, soluções possíveis, culpados, obstáculos e avaliações.
+ Avaliação da possibilidade de resolução: implica a utilização das políticas públicas para minimizar ou diminuir as consequências de um problema.

Formação de agenda

Esta fase consiste em um conjunto de problemas ou temas entendidos como relevantes, podendo ser representada por um programa de governo, um estatuto partidário, um planejamento orçamentário etc. Cobb e Elder (1983) relatam a existência de três condições para que um problema faça parte de uma agenda:

I. problema merecedor de atenção por parte dos mais diversos atores;
II. possibilidade real de resolução do problema;
III. problema caracterizado como de responsabilidade pública.

Existem então três tipos de agenda: política, formal (ou institucional) e da mídia, cada uma das quais dá destaque aos problemas de seu interesse.

Formulação de alternativas

Trata-se da formulação de possíveis soluções para os problemas, avaliando-se consequências, custos e riscos de cada alternativa e estabelecendo-se objetivos e estratégias de ação. Para isso, utilizam-se alguns mecanismos, os quais podem ser aconselháveis ou não em determinadas situações:

+ premiação: influenciar o comportamento dos envolvidos por meio de estímulos;
+ coerção: influenciar o comportamento dos envolvidos por meio de possíveis punições ou por força de normativas;
+ conscientização: influenciar o comportamento dos envolvidos por meio de construção de senso moral;
+ solução técnica: influenciar o comportamento dos envolvidos de forma indireta, por meio de ações práticas que influenciem o comportamento de forma direta.

Tomada de decisão

É o momento de busca por um denominador comum entre os objetivos e os métodos de cada ator pelo uso de três meios:

I. Decisão da solução com base no problema: consideram-se o problema e a gravidade, premissa da qual se parte então para a decisão quanto à melhor alternativa de solução.

II. Ajuste de problemas e soluções para tomada de decisão: comparam-se problemas e alternativas de soluções para adequação ao cenário pretendido.

III. Decisão com base nas soluções disponíveis tendo em vista o impacto nos problemas: encaixa-se o problema em uma solução preexistente possível e factível.

Implementação da política pública

É a fase na qual os resultados começam a ser produzidos. Esta etapa não se resume apenas a elementos técnicos ou problemas administrativos, uma vez que envolve uma gama de elementos políticos essenciais para o sucesso da implementação. Sabatier (1986) aponta dois modelos de implementação de políticas públicas:

+ Modelo *top-down* (de cima para baixo): separação em duas categorias, os tomadores de decisões (políticos) e os implementadores (administrativos). Caso algo não ocorra como o previsto, os atores políticos tendem a culpar a classe administrativa. A avaliação da implementação considera metas, procedimentos e objetivos.

+ Modelo *bottom-up* (de baixo para cima): autonomia e liberdade aos implementadores para modificar políticas em caso de obstáculo na execução. A avaliação dos resultados ocorre *a posteriori*.

Avaliação da política pública

Devem ser observados alguns critérios para examinar a efetividade das políticas implementadas:

+ economicidade: utilização dos recursos;
+ eficiência econômica: relação entre recursos utilizados e produtividade;
+ eficiência administrativa: nível de conformidade quanto aos métodos preestabelecidos;
+ eficácia: nível de alcance das metas ou objetivos;
+ equidade: tratamento equânime quanto a benefícios e punições entre os destinatários de uma política pública.

Extinção da política pública

Trata-se da finalização da aplicabilidade da política, seja pelo fato de o problema que a originou ter sido resolvido, seja pela ineficácia das soluções, seja pela perda de importância do problema a ser resolvido.

3.4.2 Planos de contingência para o trânsito

Sabemos que acidentes no trânsito acontecem diariamente, além de haver a possibilidade de ocorrerem catástrofes naturais. Assim, o plano de contingência para o trânsito busca alternativas para a continuidade da mobilidade urbana sem grandes prejuízos à população. Tal plano deve obedecer às seguintes diretrizes:

+ **Identificação dos processos:** verificar todas as opções de transporte, vias alternativas, interligação entre os meios de transportes, entre outros.
+ **Avaliação dos impactos:** avaliar os impactos que a indisponibilidade de alguma das opções de mobilidade elencadas na fase anterior poderia causar à população.
+ **Identificação dos riscos e definição de cenários possíveis de falha:** analisar cada uma das opções de mobilidade, levando-se em conta a probabilidade de ocorrência de cada falha, a provável duração dos efeitos, as consequências resultantes, os custos inerentes e os limites máximos aceitáveis de permanência da falha sem a ativação da medida.
+ **Identificação das medidas para cada falha:** identificar ações possíveis de remediação do incidente, ou seja, disponibilidade de rotas alternativas ou outros meios de locomoção ou até mesmo sistemas de informação, equipes de engenharia etc.
+ **Definição de ações necessárias para a operacionalização das medidas:** verificar quais ações devem ser tomadas para que seja possível a execução de tais ações.

- Estimativa de custos de cada medida: analisar os custos das ações.
- Definição da forma de monitoramento após a falha: saber quando o plano deve ser acionado e quando a falha ocorreu.
- Definição de critérios de ativação do plano: determinar os níveis aceitáveis de falhas até que se requeira o início da execução do plano de contingência.
- Identificação do responsável pela ativação do plano: envolver a alta gestão no processo, as autoridades de trânsito governamentais, para a coordenação das equipes subordinadas a elas.
- Identificação dos responsáveis em colocar em prática as medidas de contingência definidas.
- Definição da forma de reposição do negócio aos moldes habituais: solucionado o incidente, decidir como será a retomada do processo principal.

Síntese

I. Neste capítulo, você viu como tornar o trânsito mais harmonioso por meio de estudos feitos com pesquisas de tráfego, cálculos de fluxograma e aplicação de diferentes intervenções no sistema viário.

II. Você também pôde conhecer como ocorre a gestão do tráfego urbano na esfera governamental.

Para saber mais

BERNARDINIS, M. A. P. et al. Polos geradores de viagem: estudo de caso sobre a implantação do shopping X. **Revista Transporte y Territorio**, n. 20, p. 338-351, 2019.

BERNARDINIS, M. A. P. et al. Uma investigação da influência de dispositivos na engenharia de tráfego no sistema viário: intervenção na rua Pe. Agostinho. In: SIMPÓSIO DE TRANSPORTES DO PARANÁ, 2018, Curitiba.

RASIA, R. S.; BERNARDINIS, M. A. P. Análise das condições de tráfego na Av. Linha Verde Sul de Curitiba. In: CONGRESSO NACIONAL DE PESQUISA EM TRANSPORTES, 31., 2017, Recife.

Para conhecer mais profundamente os estudos sobre pesquisas de tráfego, tratamento de interseções, filas e gestão de tráfego, consulte as obras aqui referenciadas.

Questões para revisão

1. Analise o fluxograma a seguir, com a utilização do método sueco, e determine o tipo de interseção a ser projetado, levando em conta:

   a. O cálculo do fluxograma em UCP/hora, considerando: K = 8%; ON = 2; CM = 2,5

A

1 157 = CP   CP =   116   CP = 826

35 = ON   ON =   13   ON = 54

409 = CM   CM =   63   CM = 503

C ———————————————————— D

CP = 2 600   ON = 140   CM = 1 527

331 = CP   CP = 1 000

190 = ON   ON = 10

0 = CM   CM = 159

B

b. A verificação, pelo gráfico da Figura 3.16, da necessidade de faixa especial para conversões à direita e conversões à esquerda, no seguinte sentido da interseção apresentada acima: sentido sul-norte/oeste-leste.

Represente a solução também no gráfico e indique os volumes de tráfego em todas as direções, como segue:

A=_____   B=_____

C=_____   AV=_____

AG=_____   AH=_____

BG=_____   BV=_____

BH=_____   CG=_____

CV=_____   CH=_____

Resposta:

Faixa especial para conversão à direita	
Faixa especial para conversão à esquerda	

2. Determine o atraso médio para os veículos da via secundária, girando à direita e à esquerda, com base no seguinte esquema e nas respectivas informações:

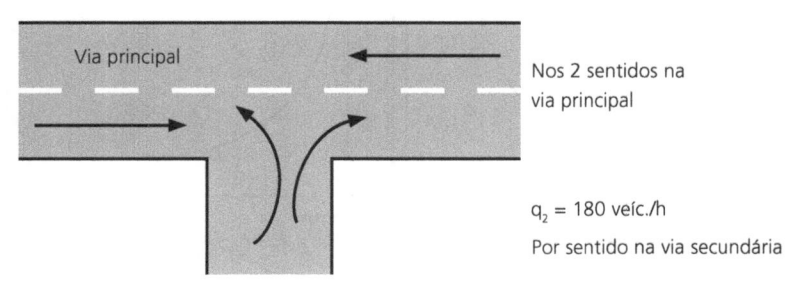

Fluxo: q_1 = 900 veíc./h

Via principal

Nos 2 sentidos na via principal

q_2 = 180 veíc./h
Por sentido na via secundária

+ Velocidade: < 65 km/h
+ Fluxo em pelotão v= 60%
+ Admitir comprimento do veículo de 6,00 m

a. Pelo método de Troutbeck, calcule a fila (número de veículos) e o tamanho da fila para conversão à esquerda.

b. Pelo método do Siegloch, calcule a fila (número de veículos) para a conversão à direita.

3. Com relação às pesquisas de tráfego, assinale a alternativa **incorreta**:

a. Realizar pesquisas de tráfego é importante para obter dados que caracterizam os elementos fundamentais do tráfego, como os motoristas, os pedestres, os veículos, as vias e meio ambiente.

b. A pesquisa origem-destino (O/D) visa não só determinar os pontos inicial e final, mas também obter informação de caráter geral sobre os veículos, os motivos de viagem, a frequência, os horários etc.

c. As contagens volumétricas do tipo normal identificam a quantidade de veículos independentemente da direção.

d. As pesquisas por telefone, embora sejam práticas e com alto índice de respostas, não são muito utilizadas em nosso país.

e. As pesquisas em estacionamentos são aquelas em que as áreas desses locais são consideradas como os destinos dos veículos.

4. Com relação ao ciclo das políticas públicas, faça a adequada correspondência entre as duas colunas.

1) Percepção do problema, de- ( ) Formação de agenda
finição ou delimitação deste ( ) Tomada de decisão
e avaliação da possibilidade ( ) Identificação do problema
de resolução. ( ) Formulação de alternativas
2) Fase de priorização dos ( ) Implementação da política
problemas. pública
3) Verificação das possíveis ( ) Avaliação da política pública
alternativas de solução para ( ) Extinção da política pública
os problemas.
4) Escolha da melhor solução
para o problema.
5) Execução da solução do
problema.
6) Análise da solução implantada com vistas à verificação
de seu sucesso na solução
do problema.
7) Finalização da aplicabilidade da solução do problema

Agora, assinale a alternativa que indica a sequência obtida:

a. 4, 2, 3, 5, 6, 7, 1.

b. 2, 4, 1, 5, 6, 7, 3.

c. 2, 4, 1, 3, 5, 6, 7.

d. 3, 2, 1, 5, 7, 6, 4.

e. 3, 4, 1, 2, 5, 6, 7.

5. Com relação ao tratamento de interseções, classifique as afirmativas a seguir em verdadeiras (V) ou falsas (F).

( ) O uso de faixas exclusivas de conversão à esquerda em interseções torna mais complexa a operação das fases do semáforo.

( ) A proibição de entradas à esquerda conduz os veículos para interseções sinalizadas mais seguras.

( ) Os canteiros centrais de largura adequada também podem funcionar como refúgio.

( ) Normalmente, os conflitos entre veículos e pedestres ocorrem em meios de quadra, o que faz com que sejam necessários estudos específicos sobre esse aspecto.

( ) As rotatórias ou rótulas são especialmente indicadas onde há intensidade de tráfego e grandes fluxos de conversão à esquerda.

Agora, assinale a alternativa que indica a sequência obtida:

a. F, F, V, F, V.

b. F, V, V, F, V.

c. V, V, V, F, F.

d. V, V, V, F, V.

e. F, V, V, V, V.

Questão para reflexão

1. Sabe-se que, atualmente, congestionamentos não são um desafio apenas para as grandes cidades. Mesmo as cidades de pequeno porte vêm apresentando essa problemática em seus sistemas viários, apresentando, por exemplo, as maiores taxas de motorização. Muito se ouve falar que, graças aos caos do trânsito de São Paulo, essa cidade não tem mais solução. O que fazer para que cidades de pequeno porte não trilhem esse mesmo caminho? Como as ferramentas descritas neste capítulo reverteriam essa situação?

❖ ❖ ❖

capítulo quatro

Planejamento da sinalização de tráfego urbano

Conteúdos do capítulo:

+ Conceito de sinalização viária.
+ Sinalização horizontal.
+ Sinalização vertical.
+ Semaforização.

Após o estudo deste capítulo, você será capaz de:

1. compreender as funções da sinalização viária;
2. diferenciar as tipologias de sinalização viária;
3. dimensionar ciclos semafóricos;
4. avaliar o planejamento da sinalização disponível com foco no meio urbano.

No decorrer dos deslocamentos pela cidade, centenas ou milhares de decisões são tomadas: "Esta conversão é permitida?"; "A quem devo dar a preferência?"; "Qual é o limite de velocidade desta via?"; "A ultrapassagem é permitida neste local?".

Muitas vezes, essas decisões são baseadas na acuidade visual e nos reflexos do condutor, aspectos que variam em função da idade, das condições físicas – fadiga e estresse – e das condições climáticas do ambiente, exercendo assim efeito relevante na capacidade do condutor de reagir a estímulos.

Considerando-se esse contexto, este capítulo apresenta um compêndio de informações acerca do papel da sinalização viária na transmissão de direções, sentidos, distâncias, destinos e locais de serviços que complementam a operação viária, assim como suas principais tipologias e as normas que regem sua implementação no meio urbano.

4.1 O que é sinalização viária?

A sinalização viária tem como principal função transmitir as normas de trânsito, por meio de símbolos e legendas específicos. Tais sinais cumprem o objetivo de advertir, regulamentar e indicar segura e corretamente a movimentação de veículos e pedestres, de forma a evitar acidentes e demoras desnecessárias. Devem ser implantados somente pela autoridade com jurisdição sobre a via pública, em consonância com o preconizado no Código Nacional de Trânsito (CNT). Isso, contudo, não deve impedir que, por delegação expressa da autoridade de trânsito, seja colocada uma sinalização temporária em determinado local, para proteger o usuário, os equipamentos e os trabalhadores em serviço na via pública.

No Brasil, a título de normalização, foi adotado o sistema de sinais do *Manual interamericano de sinalização rodoviária e urbana* (DNER, 1971), regulamentado pelo Decreto n. 73.696, de 28 fevereiro de 1974, pelo Código de Trânsito Brasileiro (CTB), pelas normas complementares para interpretação, colocação e uso das marcas viárias e dispositivos auxiliares à sinalização de trânsito, instituídas pela Resolução 666, de 28 de janeiro de 1986, do Conselho Nacional de Trânsito (Contran, 1986), pelo *Manual brasileiro de sinalização de trânsito* do Contran e pelo *Manual de sinalização rodoviária* do Departamento Nacional de Estradas de Rodagem (DNER), que contemplam todos os dispositivos de sinalização ao longo dos trechos em projeto, inclusive ramos, vias interceptadoras e demais situações especiais.

O *Manual brasileiro de sinalização de trânsito* é composto por seis volumes:

+ Volume I – Sinalização vertical de regulamentação;
+ Volume II – Sinalização vertical de advertência;
+ Volume III – Sinalização vertical de indicação;
+ Volume IV – Sinalização horizontal;
+ Volume V – Sinalização semafórica;
+ Volume VI – Dispositivos auxiliares.

4.2 *Sinalização horizontal*

Conforme o *Manual brasileiro de sinalização de trânsito* (volume IV), a sinalização horizontal é composta por marcas viárias, tais como faixas (linhas), marcações, legendas e símbolos, em tipos e cores previamente definidos, apostas ao pavimento, podendo ser complementadas por tachas e tachões (Contran, 2007d). Sua função é regulamentar, advertir ou indicar aos usuários da via – condutores de veículos ou pedestres – as normas de trânsito, tornando a operação delas mais eficiente e segura. Em alguns casos, atua por si só como controladora de fluxos; em outros, complementa a sinalização vertical e semafórica.

De uso universal, deve ser reconhecida e compreendida por todos os usuários. Comumente é empregada, quando procedente, em conjunto com a sinalização vertical, visando enfatizar a mensagem que se procura transmitir, podendo também ser utilizada isoladamente se propiciar melhor entendimento da mensagem transmitida.

Suas limitações se relacionam com a durabilidade se sujeita a tráfego intenso e a visibilidade reduzida quando em pavimento molhado ou sujo. Portanto, é fundamental haver manutenção da pista limpa e periódicas reaplicações conforme o desgaste verificado.

A sinalização horizontal se utiliza de variados tipos de cores e padrões, associados a determinados conceitos para enunciação de mensagens. Vejamos a seguir como se classificam as marcas da sinalização horizontal.

Quanto ao posicionamento em relação ao sentido de circulação dos veículos

Podem ser:

+ Longitudinais: ordenam e orientam os deslocamentos laterais dos veículos, separando as correntes de tráfego.

Figura 4.1 – Exemplo de sinalização longitudinal

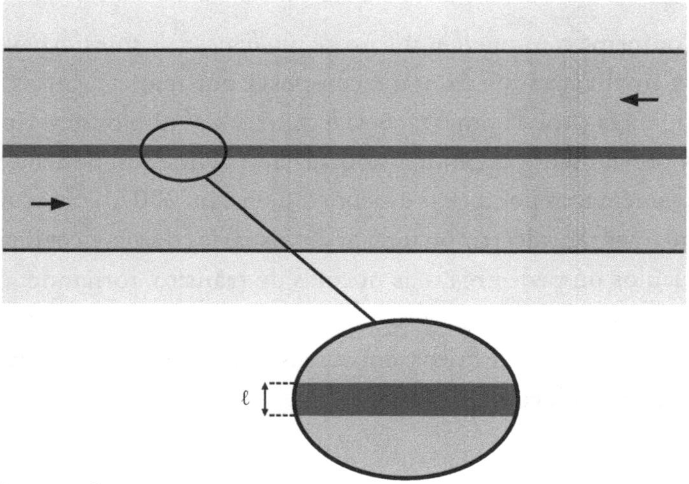

Fonte: Contran, 2007d, p. 11.

+ Transversais: ordenam os deslocamentos frontais dos veículos e os harmonizam com os deslocamentos de outros veículos e pedestres.

Figura 4.2 – Exemplo de sinalização transversal

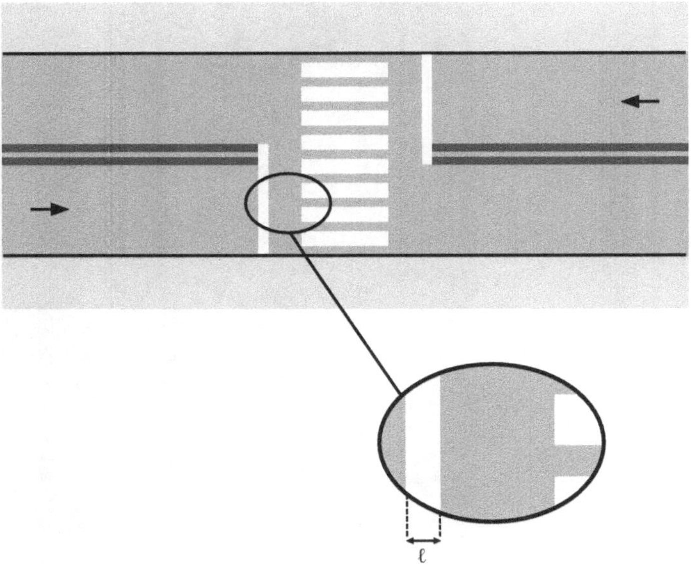

Fonte: Contran, 2007d, p. 38.

+ Outras: complementam informações fornecidas por outro tipo de sinalização.

Quanto ao padrão de traçado

Figura 4.3 – Setas indicativas de posicionamento na pista para a execução de movimentos

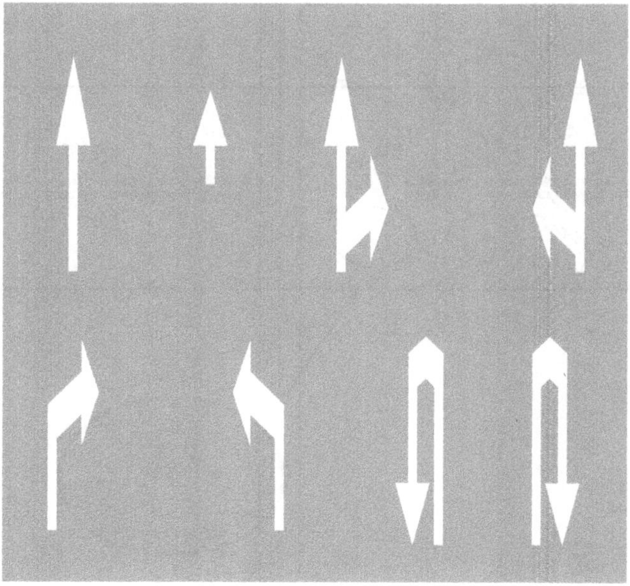

Fonte: Contran, 2007d, p. 82.

Segundo o Departamento Nacional de Trânsito – Denatran (citado por Pereira et. al, 2010, p. 27), podem ser:

> ✦ Contínuas: proibição de movimento dos veículos quando separam fluxos de trânsito (a ideia é acentuada quando dupla), delimitação das pistas destinadas a circulação de veículos e controle de estacionamentos e paradas de veículos.

+ Tracejadas ou interrompidas: permissão de movimento quando separarem fluxos de trânsito e delimitação das pistas destinadas a circulação de veículos.

Quanto à cor utilizada

Segundo o Denatran (citado por Pereira et. al, 2010, p. 27), consideram-se as seguintes finalidades para cada cor:

+ Amarela: regulamentação de fluxos de sentidos opostos e controle de estacionamentos e paradas.

+ Branca: regulamentação de fluxos de mesmo sentido e delimitação das pistas destinadas à circulação de veículos (são utilizadas também para regular movimentos de pedestres, pinturas de símbolos e legendas e outros).

+ Vermelha: regulamentação de limitação de espaço para deslocamento de biciclos leves.

+ Preta: em combinação com as demais cores, onde o pavimento, por si, não proporcionar contraste suficiente, não constituindo propriamente uma cor, mas sim um contraste. Também usada para cobrir (apagar) antigas marcas.

+ Azul: indicação de espaço destinado a portadores de deficiência.

Em resumo, a sinalização horizontal, como tem o objetivo de ordenar o tráfego. Para mais informações sobre como realizar um projeto de sinalização horizontal, consulte o volume IV (Sinalização horizontal) do *Manual brasileiro de sinalização de trânsito*.

4.3 Sinalização vertical

Conforme o Denatran (citado por Pereira et al., 2010, p. 7),

> a sinalização vertical é um subsistema da sinalização viária constituído por placas, painéis, pórticos, balizadores, marcos quilométricos e semáforos, fixados ao lado ou suspensos sobre a pista, dimensionados em função da velocidade diretriz, transmitindo mensagens de caráter permanente e, eventualmente, variáveis, através de símbolos e/ou legendas pré-reconhecidos e legalmente instituídos.

A função dessa sinalização é aumentar a segurança – e não o contrário –, por isso a mensagem a ser transmitida deve ser clara, de fácil entendimento pelo condutor, e apresentar uniformidade de aplicação.

Figura 4.4 – Exemplo de sinalização vertical

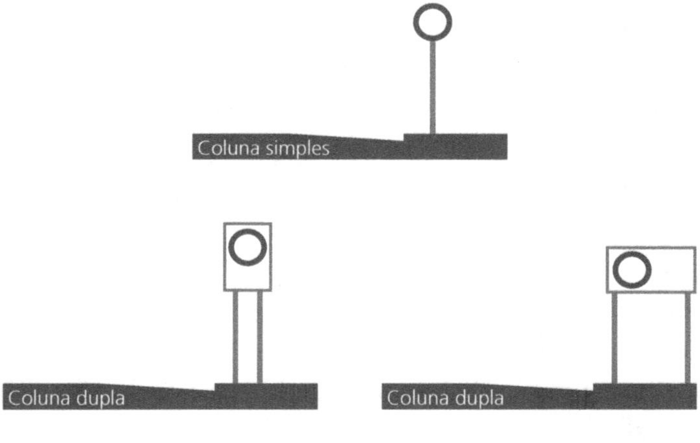

Fonte: Conatran, 2007a, p. 30.

Assim, segundo o Denatran (2005), a sinalização pode ser padronizada quanto às cores empregadas, quanto aos símbolos, às letras e aos números adotados, quanto à refletorização e à iluminação e quanto à forma e aos materiais empregados. A seguir, serão detalhadas, também segundo o Denatran (2005), as sinalizações verticais comumente utilizadas no meio urbano e, de modo mais específico, aspectos relevantes à semaforização.

+ **Placas de regulamentação:** comunicam aos usuários proibições, restrições e obrigações no uso da via. Com exceção dos sinais de "Parada obrigatória" e "Dê a preferência", todos os sinais de regulamentação têm formato circular, fundo branco, orla e tarjas vermelhas, inscrições e símbolos de cor preta. Uma barra que corta a 45° o diâmetro horizontal indica uma proibição; essa barra oblíqua é eliminada para indicar apenas uma restrição ou obrigação.

+ **Placas de advertência:** alertam os usuários da via sobre a existência de condições ou locais potencialmente perigosos e indicam a natureza deles. São quadradas, posicionadas com a diagonal na direção vertical, com fundo e orla externa na cor amarela e letras, símbolos e orla interna na cor preta. São exceções a placa de "Cruz de Santo André" e a de "Sentido único/duplo".

+ **Placas de indicação:** orientam os usuários e prestam informações de interesse ao longo do deslocamento, como identificação de vias, rotas, distâncias e indicação de serviços de apoio, incluindo mensagens educacionais. Têm forma retangular com o lado maior na horizontal, excetuando-se os sinais de identificação de rodovias, que têm a forma de brasão. As placas de indicação, com exceção das placas de serviços auxiliares e educativas, têm fundo e orla externa na cor verde e letras, símbolos e orla interna na cor branca. As placas de serviços auxiliares apresentam fundo e orla externa na cor azul, símbolo preto sobre retângulo branco e letras e orla interna na cor branca. As placas educativas têm fundo e orla externa na cor branca e letras, símbolos e orla interna na cor preta.

* **Painéis de mensagens variáveis:** também conhecidos como *sinalização dinâmica*, fornecem aos usuários informações em tempo real, em bases eletrônicas, sobre condições especiais da via, do tráfego e das condições climáticas. São utilizados principalmente na gerência de tráfego em sistemas de vias expressas, com alto volume de veículos, informando instantaneamente sobre condições dinâmicas de tráfego, condições físicas da via, alterações nas condições climáticas, localização de incidentes e consequentes atrasos, rotas alternativas, confirmação de percursos e a existência/localização de serviços de apoio e atendimento ao usuário.

Para mais informações sobre como realizar um projeto de sinalização vertical, consulte os volumes I, II e III do *Manual brasileiro de sinalização de trânsito*.

4.4 *Semaforização*

Conforme o *Manual brasileiro de sinalização de trânsito* (Contran, 2014a, p. 20), a sinalização semafórica é um dispositivo de controle, fluidez e segurança de tráfego formado por "indicações luminosas acionadas alternada ou intermitentemente por meio de sistema eletromecânico ou eletrônico. Tem a finalidade de transmitir diferentes mensagens aos usuários da via pública, regulamentando o direito de passagem ou advertindo sobre situações especiais nas vias". Sua utilização deve ser precedida de um estudo cuidadoso sobre a necessidade de empregá-la, tendo em vista as características de operação e de custo dos equipamentos.

Implantar um semáforo pode causar diversos impactos na circulação de pessoas e veículos, tanto de forma positiva quanto de forma negativa. Um semáforo implantado de forma adequada tem relação direta com a diminuição de acidentes e o ordenamento do tráfego, evitando, assim, a formação de filas, por exemplo. Entretanto, quando é utilizado indevidamente, um semáforo ocasiona:

+ aumento no número de acidentes;
+ estímulo ao desrespeito ao semáforo;
+ aumento no número de paradas;
+ exposição dos pedestres a avanços imprevistos dos motoristas;
+ espera desnecessária;
+ impaciência;
+ gastos desnecessários de instalação, operação e manutenção.

Bernardinis (2016) comenta que, no tocante à tomada de decisão assertiva quanto à implantação de semáforos, em âmbito nacional e internacional, vários métodos vêm sendo utilizados. Os critérios que justificam a implantação de um semáforo, conforme Akishino e Pereira (2008, s.p.), referem-se a:

1. volumes veiculares mínimos em todas as aproximações da interseção

2. interrupção de tráfego contínuo

3. volumes conflitantes em interseções de cinco ou mais aproximações

4. volumes mínimos de pedestres que cruzam a via principal

5. índice de acidentes e os diagramas de colisão

6. melhoria de sistema progressivo

7. controle de áreas congestionadas

8. combinação de critérios

9. situações locais específicas

A seguir, trataremos detalhadamente de cada um dos critérios mencionados.

Critério nº 1 – Volumes veiculares mínimos

A implantação do semáforo encontra justificativa quando existem, na interseção, os volumes equivalentes mínimos em 8 horas do dia mostrados na Tabela 4.1.

Tabela 4.1 – Volumes equivalentes

Nº de faixas de tráfego por aproximação		Veículos equivalentes por hora na preferencial, nos dois sentidos	Veículos equivalentes por hora, na secundária, na aproximação mais pesada
Preferencial	Secundária		
1	1	500	150
2 ou mais	1	600	150
2 ou mais	2 ou mais	600	200
1	2 ou mais	500	200

Fonte: Elaborado com base em Denatran, 2014, p. 54.

Tabela 4.2 – Fator de equivalência em carros de passeio

Tipo de veículo	VP	CO	SR/RE	M	B	SI
Fator de equivalência	1	1,5	2	1	0,5	1,1

Fonte: Dnit, 2006, p. 56.

Critério nº 2 – Interrupção de tráfego contínuo (8 horas no dia)

Em uma via secundária, mesmo quando esta não apresenta um volume de tráfego considerável, pode ocorrer certa dificuldade para adentrar no fluxo da via principal, o que gera filas e atrasos. Nesse caso, justifica-se a implantação de semáforos (Akishino; Pereira, 2008). Os volumes equivalentes mínimos estão elencados na Tabela 4.3.

Tabela 4.3 – Volumes equivalentes

Nº de faixas de tráfego por aproximação		Veículos equivalentes por hora na preferencial, nos dois sentidos	Veículos equivalentes por hora, na secundária, na aproximação mais pesada
Preferencial	Secundária		
1	1	750	75
2 ou mais	1	900	75
2 ou mais	2 ou mais	900	100
1	2 ou mais	750	100

Fonte: Denatran, 1984, p. 44.

Critério nº 3 – Volumes conflitantes em interseções de cinco ou mais aproximações

Em uma interseção onde há mais de cinco aproximações, pode-se inserir um semáforo quando há pelo menos 800 veículos por hora. Isso é possível quando não existe possibilidade de transformar a interseção em uma com quatro aproximações, mudando o sentido de tráfego, por exemplo (Akishino; Pereira, 2008).

Figura 4.5 – Interseção com cinco aproximações

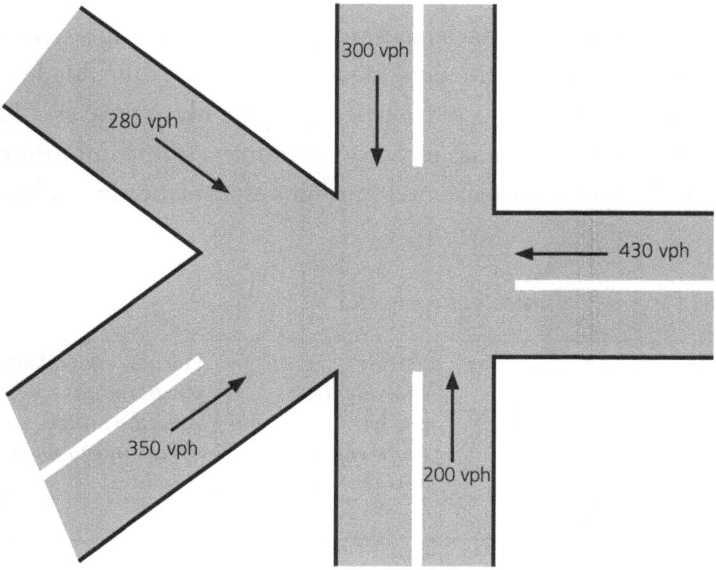

Fonte: Akishino; Pereira, 2008, s.p.

Akishino e Pereira (2008) explicam que, na interseção ilustrada, o volume total que chega é de 1.560 vph, o que significa que essa interseção, apresentando-se como está, exigiria de imediato a colocação de um semáforo, uma vez que o volume mínimo é de 800 vph. No entanto, para evitar a colocação do semáforo, uma possibilidade seria transformar a interseção em outra com quatro aproximações, por exemplo, como na Figura 4.6. Nessa situação, seria preciso verificar os **critérios 1 e 2**, os quais definem a necessidade ou não de implantação de um semáforo.

Figura 4.6 – Interseção com quatro aproximações

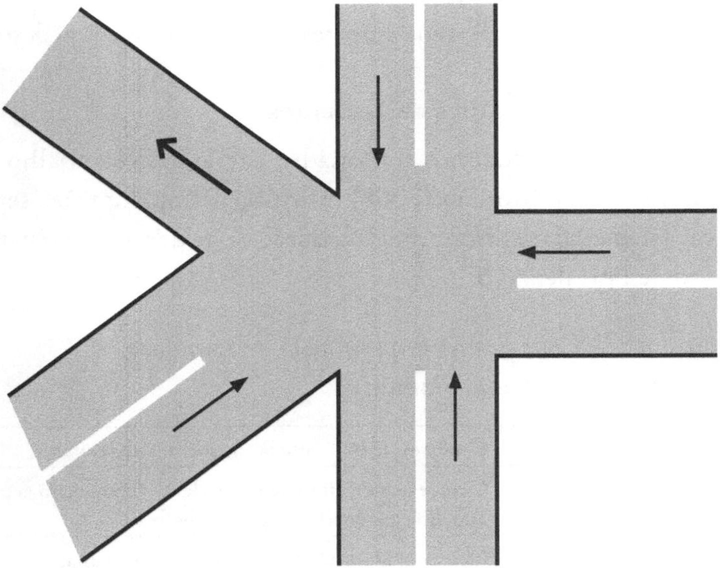

Fonte: Akishino; Pereira, 2008, s.p.

Critério n° 4 – Volume de pedestres

O conflito entre veículos e pedestres, numa seção da via, constitui-se em justificativa para a implantação de um semáforo quando os seguintes volumes mínimos são atingidos (Akishino; Pereira, 2008):

P = 250 pedestres/h em ambos os sentidos de travessia

Q = 600 vph (nos dois sentidos), quando a via é de mão dupla e não há canteiro central ou o canteiro central tem menos que 1 m de largura

Q = 1.000 vph (nos dois sentidos), quando há um canteiro central de 1 m de largura, no mínimo

Fonte: Elaborado com base em Denatran, 1984.

Em que:

P = volume de pedestres

Q = volume de veículos equivalentes em conflito com os pedestres.

Critério nº 5 – Índice de acidentes

A seguir, reproduzimos um quadro extraído do trabalho de Coelho, Freitas e Moreira (2008) intitulado "Implantações semafóricas são medidas eficazes para a redução de acidentes de trânsito? O caso de Fortaleza-CE".

Quadro 4.1 – Critérios de implantação de semáforo estabelecidos por alguns manuais

Manuais	Critérios de implantação/acidentes de trânsito
DENATRAN	Ocorre um mínimo de 05 acidentes com vítimas por ano, do tipo corrigível pelo semáforo.
CET-SP	Ocorrem mais de três acidentes com vítimas, do tipo corrigível por semáforo, no último ano disponível.
FHWA-Estados Unidos	Ocorrem 5 ou mais acidentes do tipo corrigível por semáforo, durante um período de 12 meses.
Argentina	Não relata as quantidades mínimas nem máximas de acidentes de trânsito.
Escócia	Ocorrem, no mínimo, 5 acidentes com vítima, durante um ano.

Fonte: Coelho; Freitas; Moreira, 2008, s.p.

Akishino e Pereira (2008) esclarecem que, de acordo com essa pesquisa, a análise dos critérios do Quadro 4.1, referente aos acidentes que podem ser corrigíveis por semáforos (colisões com vítimas como os atropelamentos), é subjetiva, pois fica a cargo de cada técnico que realiza o acompanhamento histórico do local estudado. Assim, os autores ressaltam que os estudos para implantação de semáforo precisam ser cuidadosamente avaliados, para analisar se o tipo predominante de acidentes é, de fato, corrigível por um semáforo.

Nesse contexto, segundo o Denatran (2007, citado por Akishino e Pereira, 2008), pode-se instalar um semáforo com base na prerrogativa de número de acidentes, desde que estes sejam passíveis de correção pelo semáforo e já tenham cessado as tentativas de correção dos acidentes sem a implantação dele.

Os resultados do estudo de Coelho, Freitas e Moreira (2008), na visão de Akishino e Pereira (2008), confirmam que dispositivos implantados inadequadamente aumentam o número de acidentes, conforme observado no Gráfico 4.1. O que pode acontecer em alguns casos é a diminuição da severidade dos acidentes, mas o aumento do número deles.

Gráfico 4.1 – Quantidades de acidentes, antes e depois das implantações semafóricas

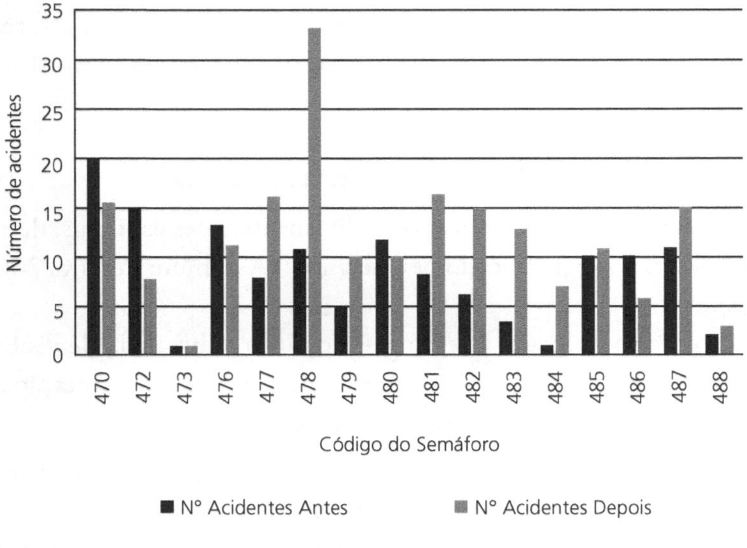

Fonte: Coelho; Moreira; Freitas, 2008, s.p.

Critério nº 6 – Melhoria do sistema progressivo

Nas vias com sistemas de semáforos coordenados, a implantação de um novo dispositivo pode ser justificada se ele contribuir para o ajuste da velocidade de progressão ou para uma melhor formação dos pelotões, ou quando se considerar que essas medidas são imprescindíveis (Akishino; Pereira, 2008).

Critério nº 7 – Controle de áreas congestionadas

Nas áreas onde o congestionamento é constante e não existe possibilidade de intervenções como mudanças na geometria, na circulação, entre outras, a implantação de um semáforo pode ser justificada (Akishino; Pereira, 2008).

Critério nº 8 – Combinação de critérios

A instalação de um semáforo deve ocorrer, ainda, quando dois dos critérios de 1 a 5 forem observados em no mínimo 80% dos eventos em análise ou quando três dos critérios de 1 a 5 forem observados em no mínimo 70% dos casos considerados (Akishino; Pereira, 2008).

Critério nº 9 – Situações locais específicas

"O semáforo pode ser implantado em situações especiais, desde que plenamente justificado pelo técnico" (Akishino; Pereira, 2008, s.p.).

É preciso observar a regra geral quanto à distância de visibilidade em uma interseção. Os critérios anteriores de implantação de semáforos devem ter seus valores alterados em:

+ 20% a menos nos casos de má visibilidade, isto é, devem atender a 80% dos valores mínimos;
+ 20% a mais nos casos de boa visibilidade, isto é, devem atender a 120% dos valores mínimos.

4.4.1 Controlador de tráfego

Os controladores de tráfego são dispositivos que comandam os semáforos mediante impulsos elétricos para a comutação das luzes que os constituem.

Segundo Akishino e Pereira (2008), nos controladores antigos, o comando podia ser automático ou manual. O manual foi utilizado há um bom tempo, representado pela figura do guarda de trânsito. Hoje em dia, os controladores são todos automáticos.

Os autores comentam que a lógica existente na programação desses controladores pode ser simples ou até sofisticada, o que dependerá muito do tipo de controlador.

Os controladores podem ser ou de tempo fixo ou por demanda de tráfego. Nos controladores **de tempo fixo**, o tempo de ciclo é constante, e a duração e os instantes de mudança dos estágios são fixos em relação ao ciclo. Isso significa que sempre ocorrerá o mesmo tempo de ocorrência dos sinais verde, amarelo e vermelho em todas as correntes de tráfego, fato que não depende do volume de veículos na interseção. O conjunto de tempos que caracterizam a operação de um semáforo é denominado *plano de tráfego* ou *programação semafórica* (Akishino; Pereira, 2008).

Com relação aos tipos de plano, Akishino e Pereira (2008) afirmam que os controladores simples têm capacidade para armazenar somente um deles, que deve atuar durante todo o dia. Por sua vez, controladores mais sofisticados têm capacidade para mais de um plano (usualmente três), que podem ser ativados em função da hora do dia.

Assim, nessas circunstâncias, podem-se elaborar planos de tráfego para diferentes períodos do dia, definidos em função da variação da demanda. Por exemplo: plano 1 para o pico da manhã; plano 2 para o meio dia; plano 3 para o pico da tarde; e plano 4 para o período noturno. Independentemente da capacidade de armazenamento, os controladores de tempo fixo são equipamentos bastante simples e têm fácil operação. Os **controladores por demanda de tráfego**, de acordo com o Denatran (1984, p. 27),

são mais complexos que os de tempo fixo, por serem providos de detectores de veículos e lógica de decisão. Sua finalidade básica é dar o tempo de verde a cada corrente de tráfego de acordo com a sua necessidade, ajustando esses tempos às flutuações momentâneas de tráfego. O princípio de funcionamento do controlador atuado baseia-se na variação do tempo de verde de cada fase entre um valor mínimo e um valor máximo, ambos programáveis no equipamento. O tempo de verde (compreendido neste intervalo) será definido pelo controlador, em função das solicitações de demanda recebidas pelos detectores instalados sob o pavimento. O mínimo período de verde corresponde ao tempo necessário para a passagem segura de um veículo, ou para a travessia de pedestres no cruzamento.

Se num determinado período todas as correntes de tráfego atingirem seu nível de saturação (máximo capaz de passar pela interseção), as demandas serão tão frequentes que forçarão todos os tempos de verde a serem estendidos até seus valores máximos. Assim, o controlador estará operando o tráfego como se fosse um equipamento de tempo fixo.

A necessidade de coordenação semafórica, segundo o Denatran (1984), entre cruzamentos sinalizados é verificada mediante o índice de interdependência, que pode ser calculado pela expressão:

$$I = \frac{0,5}{1+t} \cdot \left(\frac{n \cdot q_{máx}}{q_1 + q_2 + \ldots + q_x} - 1 \right)$$

Em que:

> I – índice de interdependência [índice que indica a neces-
> sidade de coordenação semafórica entre dois cruzamen-
> tos sinalizados]
>
> t – tempo de percurso (em minutos) entre ambos os
> semáforos, que é o comprimento do trecho dividido pela
> velocidade média dos veículos
>
> n – número de faixas de tráfego que escoam os veículos
> procedentes do cruzamento anterior
>
> $q_{máx}$ – fluxo direto procedente do trecho anterior
>
> $q_1 + q_2 + ... + q_x$ – fluxo total que chega na interseção
> (Denatran, 1984, p. 35)

Figura 4.7 – Escala do índice de interdependência

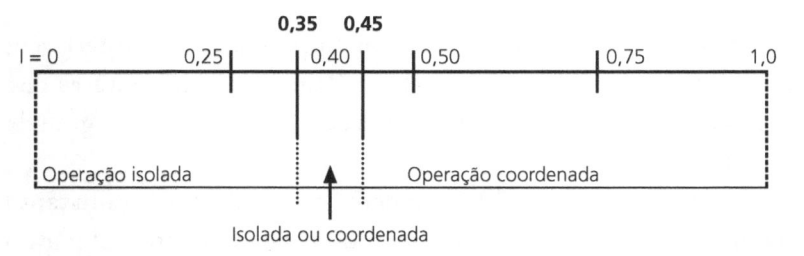

Fonte: Akishino; Pereira, 2008, s.p.

4.4.2 Dimensionamento de semáforos isolados

A relação existente entre uma boa regulagem de semáforos e um bom funcionamento do tráfego urbano é simples: a fluidez deste está diretamente relacionada com aquela. O que, então, significa regular um semáforo?

Segundo Akishino e Pereira (2008, s.p.), regular um semáforo compreende três ações:

a. determinar o tempo de ciclo ótimo da interseção;

b. calcular os tempos de verde necessários para cada fase, em função do ciclo ótimo adotado;

c. calcular as defasagens entre os semáforos adjacentes, se necessário.

A metodologia descrita foi criada por F. V. Webster (1958), pesquisador da Inglaterra, e permite a obtenção de resultados plenamente satisfatórios na prática.

Vale ressaltar, ainda, que o ciclo ótimo é o ciclo com melhor desempenho para determinada interseção, em que não há formação de filas.

Método de Webster

O método de Webster (1958) contempla fatores que interferem no valor da capacidade e apresenta cálculos complementares que possibilitam uma avaliação mais precisa da capacidade, do grau de saturação e outros.

Assim, Bernardinis (2016) comenta que, apesar de ser um tanto quanto antigo, trata-se de um método extremamente útil para o Brasil e ainda muito referenciado nos problemas relacionados a fluxo de saturação e conversão à esquerda.

Para o entendimento do método, faz-se necessário considerar os seguintes conceitos:

a. **Capacidade de uma aproximação:** número máximo de veículos capazes de atravessar o cruzamento durante um período de tempo (Akishino; Pereira, 2008).

b. **Fluxo de saturação:** número máximo de veículos capazes de atravessar o cruzamento para o período de uma hora de tempo de verde do cruzamento (Akishino; Pereira, 2008).

$$Capacidade = S \cdot \frac{g_{ef}}{C} \left(\frac{veíc}{h} \right)$$

Em que:

* S = fluxo de saturação (veíc./htv – hora de tempo verde)
* C = tempo de ciclo (s)
* g_{ef} = tempo de verde efetivo (s)

c. Conforme indicado, a capacidade horária é dada pelo produto do fluxo de saturação pela porcentagem de verde dedicada à aproximação, sendo, portanto, uma taxa e não uma quantidade. Além disso, não tem sentido a comparação de capacidade horária entre interseções, pois esse valor pode variar em função do tempo de verde (Akishino; Pereira, 2008).

d. **Tempos perdidos e verde efetivo:** é preciso sempre partir da premissa de que os veículos não saem instantaneamente quando o sinal fica verde, existindo, dessa forma, um tempo que depende da percepção dos motoristas e da aceleração dos veículos, o chamado *tempo perdido*. Esse tempo é determinado pela cultura dos usuários da via, pelo tipo de veículo e pela inclinação da pista. Na prática, o valor adotado para o tempo perdido é de 2 segundos (Akishino; Pereira, 2008).

e. **Entreverdes:** é o somatório de tempo de amarelo e tempo de vermelho total. O tempo de entreverde é usado por aqueles veículos que estão muito próximos da linha de retenção quando o sinal luminoso muda do verde para o amarelo, impedindo a frenagem em tempo adequado (Akishino; Pereira, 2008).

f. **Tempo total perdido:** é a parcela de tempo entreverdes que não é utilizada por motivos de segurança. Os valores empregados para o tempo perdido são de 4 segundos para cidades de grande porte e de 5 segundos para cidades de médio e pequeno porte (Akishino; Pereira, 2008).

g. **Verde efetivo:** é o tempo que está de fato disponível para que os veículos atravessem o cruzamento em uma fase. O verde efetivo é determinado pela seguinte equação:

$$g_{ef} = g + t_a - I$$

Em que:

+ g_{ef} = tempo de verde efetivo (s)
+ g = tempo de verde normal (s)
+ t_a = tempo de amarelo (s)
+ I = tempo perdido (s)

Veja o cálculo do fluxo de saturação pelo método de Webster:

$$S = 525 \cdot L$$

Em que:

+ L = largura da aproximação

Essa equação é válida para o intervalo:
5,50m < L < 18,0 m
Se L < 5,50 m, os valores devem ser retirados da Tabela 4.4, a seguir.

Tabela 4.4 – Valores de fluxo de saturação para larguras inferiores a 5,5 m

L (m)	3	3,3	3,6	3,9	4,2	4,5	4,8	5,2
S (veíc./htv)	1.850	1.875	1.900	1.950	2.075	2.250	2.475	2.700

Fonte: Webster, 1958, p. 23, tradução nossa.

O fluxo de saturação é definido, em termos de unidades de veículos de passageiros, por hora de tempo verde. Isso é feito para harmonizar numa unidade padrão (veículo de passageiro) os vários tipos de veículos comerciais que se utilizam da via (Akishino; Pereira, 2008).

Entretanto, Akishino e Pereira (2008) lembram que a cada tipo de veículo (ônibus, caminhão leve e/ou pesado, motocicleta etc.) corresponde um fator de equivalência. Este é determinado em função da relação do espaço ocupado entre esse tipo de veículo e o veículo-padrão. A Tabela 4.5 fornece os fatores de equivalência para diversos tipos de veículos.

Tabela 4.5 – Fator de equivalência em carros de passeio

Tipo de Veículo	VP	CO	SR/RE	M	B	SI
Fator de Equivalência	1	1,5	2	1	0,5	1,1

Fonte: Dnit, 2006, p. 56.

Os autores advertem que, para a aplicação direta da equação do fluxo de saturação, esta deve ser feita apenas em aproximações consideradas como padrão, ou seja, onde não haja veículos estacionados e onde o tráfego de conversão à esquerda seja nulo, e o da direita seja no máximo de 10% do tráfego total (Akishino; Pereira, 2008).

Nos demais casos, em que as aproximações não se classificam como padrão, a solução é aplicar "fatores de correção", de acordo com alguns efeitos que podem interferir na estimativa desse fluxo de saturação, tais como:

a. declividade;
b. composição do tráfego;
c. conversão à esquerda;
d. conversão à direita;
e. veículos estacionados;
f. localização.

Veja a descrição de alguns deles na sequência:

a. **Efeito da declividade:** a declividade de uma via influencia diretamente no fluxo de saturação. Quando se trata de aclives, o valor do fluxo de saturação é reduzido em 3% a cada 1% de subida – o limite de aclive é de 10%. Por sua vez, quando se trata de declives, o fluxo de saturação é acrescido em 3% a cada 1% de descida – o limite de declive é de 5% (Akishino; Pereira, 2008).

b. **Efeito da composição do tráfego:** a Tabela 4.5 mostra a correlação dos veículos existentes na via com os equivalentes (UCP). Assim, a relação de um pelo outro resulta no efeito de composição do tráfego.

c. **Efeito de conversão à esquerda:** toda conversão à esquerda deve ser analisada com certo cuidado, pois é o movimento que mais pode gerar filas e acidentes em cruzamentos. Webster (1958) trata tal movimento com base na consideração da existência ou não de tráfego oposto e também da necessidade de haver uma faixa exclusiva para conversão à esquerda. Nos casos em que o número de veículos que realizam tal conversão e o tráfego oposto são baixos, adota-se o coeficiente de equivalência de 1,75, o que significa que, para cada veículo que virar à esquerda, 1,75 veículo segue reto (Akishino; Pereira, 2008).

$$fce = \frac{100}{(Pt \cdot 1,75 - Pt) + 100}$$

d. **Efeito de conversão à direita:** na equação geral do fluxo de saturação já está implícita a consideração de 10% de conversões à direita. Para valores maiores que esse, a medida deve ser corrigida, de forma que, para cada excedente de 1% acima da porcentagem citada, seja considerado um fator de equivalência de 1,25 (Akishino; Pereira, 2008).

$$f_{cd} = \frac{100}{(Pt \cdot 1,25 - Pt) + 100}$$

e. **Efeito de veículos estacionados:** com relação ao efeito causado por veículos estacionados, o autor aponta que este é dado em termos de perda de largura útil na linha de retenção, por meio da seguinte fórmula:

$$p = 1,68 - 0,9 \cdot \frac{Z - 7,6}{g}$$

Em que:

+ p = perda de largura (m)
+ Z = distância entre a linha de retenção e o primeiro veículo estacionado (m)
+ g = tempo de verde de aproximação (s)

Observação: a distância entre a linha de retenção e o primeiro veículo estacionado deve ser maior que 7,6 m, ou seja, $Z > 7,6$ m; caso contrário ($Z < 7,6$ m), deve ser adotado $Z = 7,6$ m.

f. **Efeito de localização:** a Tabela 4.6 descreve o efeito da localização da interseção.

Tabela 4.6 – Descrição e efeito dos tipos de localização das aproximações

Tipo de Local	Descrição	% de efeito médio no fluxo de saturação
Bom	Sentidos de tráfego separados por canteiro central;	120
	Pouca interferência de pedestres, veículos estacionados, ou conversão à esquerda;	
	Boa visibilidade e raios de curvatura adequados;	
	Largura e alinhamento adequados.	
Médio	Condições médias: algumas características de local bom e outras de local ruim.	100
Ruim	Velocidade média baixa;	85
	Interferências de veículos parados, pedestres e/ou conversão à esquerda.	
	Má visibilidade e/ou mau alinhamento;	
	Ruas de centros comerciais movimentadas.	

Fonte: Vasconcellos, 1978, p. 69.

Para exemplificarmos cada um dos efeitos de correção apontados, apresentaremos a resolução de um exercício, dividido em cinco partes (acumulativas), extraído de Bernardinis (2016, s.p.).

Parte 1

Considere-se uma via de mão única com 9,30 m de largura (largura de aproximação da interseção). A interseção localiza-se em uma área central, com bastante travessia de pedestres; além disso, tem declividade positiva de 3%. Calcule o fluxo de saturação da aproximação em veíc./htv.

$$S = 525 \times L = 525 \times 9{,}30 = 4882{,}5 \ veíc./htv$$

$$f_{loc} = 0{,}85$$

$$f_{decl} = 100 - 9 = 0{,}91$$

$$S = 525 \times 9{,}30 \times 0{,}85 \times 0{,}91 = 3776{,}6 = 3777 \ veíc./htv$$

Parte 2

Se 20% do total de veículos da aproximação faz conversão à esquerda e não existe faixa exclusiva para esse movimento, calcule o fluxo de saturação nessas circunstâncias.

$$S = 3777 \ veíc./htv$$
$$f_{ce} = 100 \ / \ (Pt \times 1{,}75 - PT) + 100 = 100 \ / \ (20 \times 1{,}75 - 20) + 100 =$$
$$3285{,}99 = 3286 \ veíc./htv$$

Parte 3

Admitindo-se que a composição do tráfego seja de 72% de veículos leves, 10% de veículos pesados, 15% de ônibus e 3% de motocicletas, estime o fluxo de saturação calculado na Parte 2 em unidades de veículos por hora.

$$S = 3286 \ veíc./htv$$

veículos leves	72%	x 1,00	72
veículos pesados	10%	x 1,75	17,50
ônibus	15%	x 2,25	33,75
motocicletas	3%	x 0,33	1
total	100		124,25

$$f = 100 \ / \ 124{,}25 = 0{,}804 = 0{,}80$$
$$S = 3286 \times 0{,}80 = 2628{,}8 = 2629 \ veíc./htv$$

Parte 4

Se o tempo de verde for de 30 segundos e houver um veículo estacionado a 20 m da faixa de retenção da aproximação, calcule o fluxo de saturação nessas condições.

$$S = 2629 \ veíc./htv$$
$$p = 1{,}68 - 0{,}90 \ (z - 7{,}6) \ / \ g$$
$$p = 1{,}68 - 0{,}90 \ (20 - 7{,}6) \ / \ 30 = 1{,}308 = 1{,}31m$$
$$\Delta L = 9{,}30 - 1{,}31 = 7{,}99 \ m$$

$$f = 7,99 / 9,30 = 0,86$$
$$S = 2629 \times 0,86 = 2261 \ veíc./htv$$

Parte 5

Calcule a perda de capacidade da aproximação devida ao veículo estacionado, considerando-se que o tempo de verde efetivo é 60% do tempo de ciclo.

Sem o veículo estacionado: $S = 2629 \ veíc./htv$

$$C = S \times (g_{ef}/ciclo) = 2629 \times (0,60) = 1577 \ veíc./htv$$

Com veículo estacionado: $S = 2261 \ veíc./htv$

$$C = S \times (g_{ef}/ciclo) = 2261 \times (0,60) = 1357 \ veíc./htv$$

Casos especiais de efeito de conversão à esquerda

Conforme explica Bernardinis (2016), a correção da influência do veículo que converge à esquerda é feita mediante um coeficiente de equivalência em veículos diretos, como visto anteriormente. Porém, em determinados casos, essa correção não é suficiente, havendo então a necessidade de uma análise da situação do movimento de conversão com relação à liberação ou não de todos os veículos que desejam realizá-lo.

Assim, se, dentro das condições de tempo de verde e volume oposto, os veículos que desejam convergir à esquerda o fazem no primeiro período de verde apresentado, a aproximação utilizada não vai sofrer maiores consequências do que as normalmente esperadas (Bernardinis, 2016).

Caso contrário, conforme Bernardinis (2016), se, ao fim do tempo verde, sobrarem veículos que não conseguiram realizar a conversão, a aproximação, depois de algum tempo, entrará em estado de saturação com relação a esse movimento de conversão. Torna-se necessário então um reestudo da interseção, modificando-se a divisão de fases, o ciclo e os tempos de verde do semáforo em questão.

Tratamento específico para conversão à esquerda pelo método de Webster

Os movimentos de conversão à esquerda podem ser classificados em quatro formas:

1. **Sem faixa especial e sem tráfego oposto:** utiliza-se o procedimento geral para o fluxo de saturação, sem depender dos movimentos de conversão.

2. **Com faixa especial, mas sem tráfego oposto:** há dependência do raio de curvatura do movimento, sendo o fluxo de saturação dado por:

$$S = \frac{1800}{1 + \frac{1,52}{R}} \text{ para fila única}$$

$$S = \frac{3000}{1 + \frac{1,52}{R}} \text{ para fila dupla}$$

Em que:

+ S – fluxo de saturação (veíc./htv)
+ R – raio de curvatura do movimento (m)

3. **Sem faixa especial e com tráfego oposto:** de acordo com Bernardinis (2016, s.p.),

o efeito causado pelo veículo é o mais prejudicial de todos. Em primeiro lugar, ele causa atraso aos veículos da mesma fila que desejam ir em frente; em segundo lugar, inibe o uso desta faixa pelos veículos que não desejam virar e, por último, os veículos que desejam virar e permanecem na interseção no final do verde, retardam o início do período de verde da fase transversal. Com respeito aos dois primeiros efeitos, já foi comentado que cada veículo que vira pode ser considerado como equivalente a 1,75 de um veículo que vai em frente, sendo esta correção normalmente satisfatória para a maioria das interseções simples. Para o último efeito, todavia, é necessário verificar se sobram veículos no final do verde e quantos sobram. Para isso, estudamos o comportamento do veículo que vira com relação às brechas encontradas no tráfego oposto. Sabendo-se que essa brecha é a diferença de passagem entre dois veículos sucessivos (medida da traseira do primeiro à frente do segundo), determinamos, pelas pesquisas, que brechas de 5 a 6 segundos são o mais comum. Assim sendo, o fluxo de saturação, nas condições discutidas, pode ser determinado pelo mostrado adiante [Gráfico 4.2] que fornece o fluxo de saturação de conversão à esquerda (S_{ce}). Para que o cálculo se torne prático, é necessário transformar este valor no número de veículos que conseguirão virar por ciclo, aproveitando os espaços na corrente oposta (N_{ce}). A expressão que fornece este número é dada por:

$$N_{ce} = S_{ce} \cdot \frac{g_{ef} \cdot S_{fo} - q_{fo} \cdot C}{S_{fo} - q_{fo}}$$

Em que:

+ N_{ce} – número máximo de veículos que fazem conversão à esquerda por ciclo
+ S_{ce} – fluxo de saturação de conversão à esquerda (veíc./s)
+ g_{ef} – tempo de verde dedicado ao fluxo oposto (s)
+ q_{fo} – demanda do fluxo oposto (veíc./h)
+ S_{fo} – saturação do fluxo oposto
+ C – tempo de ciclo (s)

Gráfico 4.2 – Fluxo de saturação versus fluxo oposto

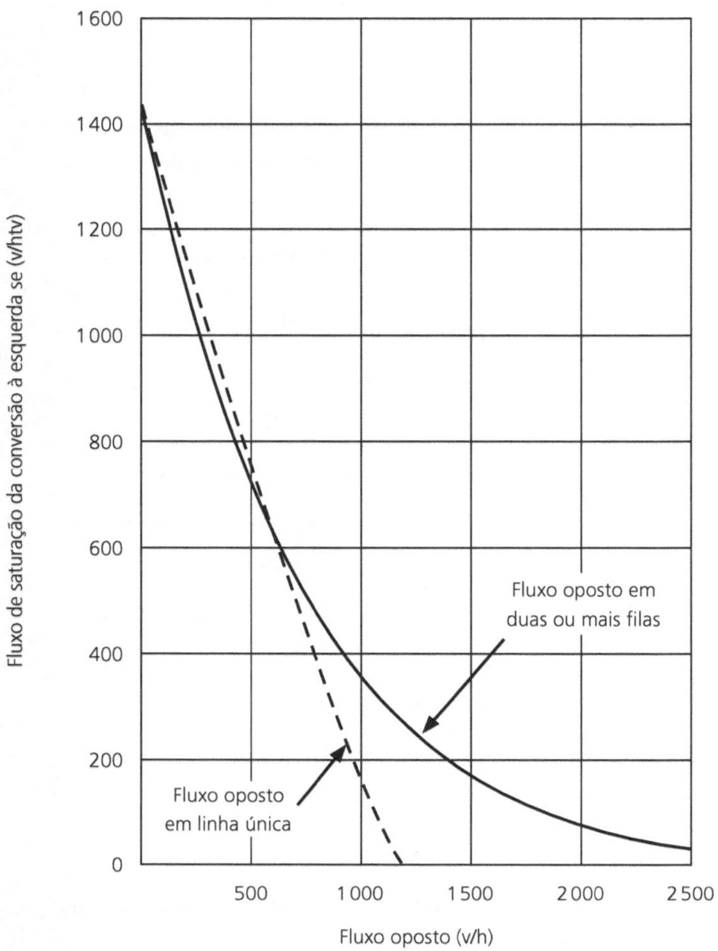

Fonte: Vasconcellos, 1978, p. 102.

1. **Com faixa exclusiva e fluxo oposto:** conforme Bernardinis (2016, s.p.), "os veículos que desejam seguir em frente não são retardados e o procedimento deve ser o mesmo do item (1)".

Procedimento geral para o estudo da conversão à esquerda (Akishino; Pereira, 2008, s.p.)

ETAPA 1 – Conhecendo a demanda horária do movimento de conversão, determina-se o número médio (N) de veículos esperados por ciclo (demanda dividida pelo número de ciclos na hora).

ETAPA 2 – A partir do valor da demanda horária de conversão, podemos determinar o fluxo de saturação de conversão (S_{ce}), através do gráfico [4.2].

ETAPA 3 – Transformar este valor no número máximo de veículos que pode virar por ciclo (N_{ce}).

ETAPA 4 – Realizar a comparação entre o N e o N_{ce}.

Se N <= N_{ce}, o movimento à esquerda é acomodado pelas condições presentes, e não há nada a modificar

Se N > N_{ce}, sobram veículos que não conseguiram virar e é necessário reestudar o problema.

Calcula-se então quantos veículos restaram:

$N_r = N - N_{ce}$

Onde:

N_r – número de veículos que não conseguiram realizar o movimento de conversão num ciclo

N – número médio de veículos que desejam realizar a conversão

N_{ce} – número máximo de veículos que podem realizar a conversão

Considerando que cada veículo leva, em média, 2,5 s para virar, para se escoarem todos os veículos retidos, necessita-se de um tempo de 2,5 N_r segundos. Este tempo pode ser dado através do intervalo de entreverdes, ou quando isto não for possível através de um "verde retardado" (atrasar a fase de verde), no caso de N_r ser um valor maior."

Taxa de ocupação e grau de saturação de uma aproximação

Para conseguir identificar qual o é o ciclo ótimo e qual é o ciclo mínimo de um semáforo, é importante entender os seguintes conceitos:

+ **Taxa de ocupação**: porcentagem de quanto a via está ocupada pelos veículos.
+ **Grau de saturação**: em que medida a via está saturada, variando entre 0 e 1. O valor 0 significa que existe fluidez na via e o valor 1 que a via está saturada.

Estes são determinados pelas equações seguintes:

$$y_i = \frac{q_i}{S_i} \quad X_i = \frac{y_i}{\dfrac{g_{ef}}{C}}$$

Em que:

+ y_i – taxa de ocupação da aproximação i
+ q_i – demanda (fluxo horário) da aproximação i (veíc./h)
+ S_i – fluxo de saturação da aproximação i (veíc./v)
+ X_i – grau de saturação da aproximação i
+ g_{ef} – tempo de verde efetivo da fase associada ao movimento da aproximação (s)
+ C – tempo de ciclo do cruzamento (s)

Tempo de ciclo mínimo e tempo de ciclo ótimo

$$C_{min} = \frac{T_p}{1-Y} \quad C_o = \frac{1,5T_p + 5}{1-Y}$$

Em que:

+ C_{min} – tempo de ciclo mínimo (s)
+ T_p – tempo perdido total (s)
+ Y – somatória das taxas de ocupação críticas de cada fase da interseção
+ C_O – tempo de ciclo ótimo (s)

Síntese

Neste capítulo, você viu a relevância dos dispositivos de tráfego associados à fluidez no sistema viário, bem como as diferentes tipologias e funções da sinalização urbana.

Você também pôde refletir sobre o reflexo de uma semaforização eficiente na mitigação dos problemas de fluidez no trânsito.

Para saber mais

D'AGOSTINI, D. **Design de sinalização**. São Paulo: E. Blücher, 2017.

LIMA, S. C. R.; SANTOS, M. A. A.; ALVES. E. V. A relação entre a sinalização viária e os acidentes de trânsito em um trecho da BR-251. **Revista ANTP**, 2015.

Os textos aqui recomendados complementam o estudo da sinalização viária no âmbito do desenho propriamente dito e da importância de uma boa sinalização na redução de acidentes de trânsito.

Questões para revisão

1. Com relação à semaforização, diferencie, em poucas palavras:
   a. verde efetivo (g_{ef}) de verde (g);
   b. vermelho (R) e vermelho total (I).

2. Verifique, quanto à conversão à esquerda, a suficiência dos tempos do semáforo.

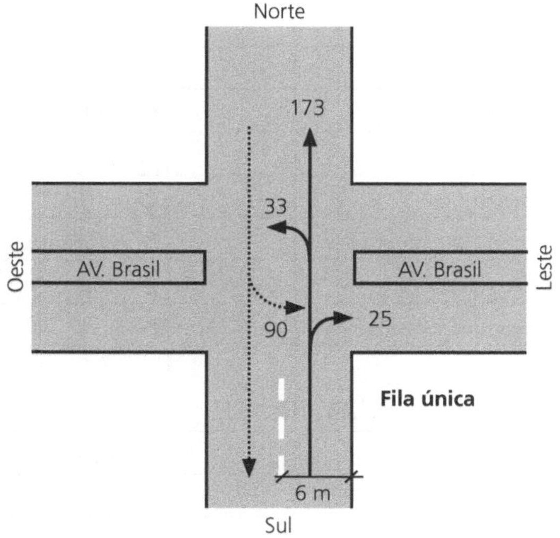

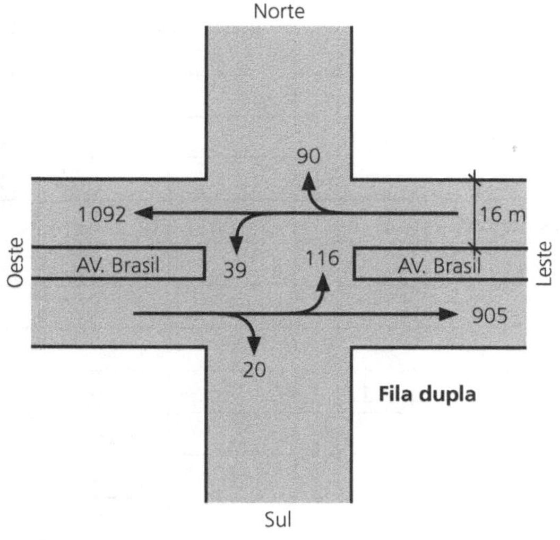

AV. NORTE-SUL

Etapas de cálculo	Av. Norte-Sul	
Efeito da declividade	0%	$f_1 = 1,000$
Conversão à esquerda (fluxo oposto)	%	$f_2 =$
Conversão à direita (fluxo oposto)	%	$f_3 =$
Efeito estacionamento	7,6 m	$f_4 =$
Efeito localização	médio	$f_5 =$
Fluxo saturação direto: S = 5 25L		$S =$
Saturação do fluxo oposto		$S_{fo} =$
Conversão à esquerda (veíc./h)	$Q_{ce} =$	
Ciclo semafórico (s)	$C = 50s$	
Nº veículos por ciclo	$N =$	
Fluxo oposto (veíc./h)	$Q_{fo} =$	
Saturação da conversão esquerda	$S_{ce} =$ (gráfico)	
Tempo verde fluxo oposto (s)	$g = 18s$	
Nº máximo de veículos virando	$N_e =$	
Comparação (resultado)		

AV. BRASIL

Etapas de cálculo	Av. Brasil	
Efeito da declividade	0%	$f_1 = 1,000$
Conversão à esquerda (fluxo oposto)	%	$f_2 =$
Conversão à direita (fluxo oposto)	%	$f_3 =$
Efeito estacionamento	7,6 m	$f_4 =$
Efeito localização	médio	$f_5 =$
Fluxo saturação direto: S = 525 L		$S =$
Saturação do fluxo oposto		$S_{fo} =$
Conversão à esquerda (veíc./h)	$Q_{ce} =$	
Ciclo semafórico (s)	$C = 50s$	
Nº veículos por ciclo	$N =$	
Fluxo oposto (veíc./h)	$Q_{fo} =$	
Saturação da conversão esquerda	$S_{ce} =$ (gráfico)	
Tempo verde fluxo oposto (s)	$g = 18s$	
Nº máximo veículos virando	$N_e =$	
Comparação (resultado)		

3. (Vunesp – 2016 – MPE/SP) A sinalização horizontal é classificada, segundo sua função, em: marcas longitudinais, marcas transversais,

a. marcas de canalização, marcas de delimitação e controle de parada e/ou estacionamento e inscrições no pavimento.

b. marcas de delimitação e controle de parada e/ou estacionamento, marcação de área de conflito e inscrições no pavimento.

c. marcas de delimitação e controle de parada e/ou estacionamento, marcas de canalização e símbolos.

d. marcação de área de conflito, marcas de canalização e inscrições no pavimento.

e. marcas de delimitação e controle de parada e/ou estacionamento, símbolos e setas.

4. Classifique as afirmações a seguir em verdadeiras (V) ou falsas (F).

( ) Controladores por demanda de tráfego são aqueles que podem ser ativados em função da hora do dia. Por exemplo: demanda para manhã, demanda no pico da tarde, demanda da madruga.

( ) O índice de interdependência (I) indica a necessidade ou não de colocação semafórica em uma dada interseção.

( ) Mesmo quando um semáforo é utilizado indevidamente, ele reduz o número de acidentes e o número de paradas.

( ) Entre os fatores que interferem na estimativa do fluxo de saturação, a conversão à direita não é considerada.

( ) O tempo perdido envolve o tempo de percepção e reação dos motoristas e, na prática, deve ser considerado o valor de 2 segundos.

Agora, assinale a alternativa que indica a sequência obtida:

a. V, F, F, V, V.

b. F, F, F, F, V.

c. F, F, V, F, V.

d. V, V, F, F, F.

e. V, F, F, F, V.

5. Qual dos itens a seguir não se relaciona com a sinalização vertical?

a. Placas e painéis.

b. Tachas e tachões.

c. Balizadores.

d. Pórticos.

e. Marcos quilométricos.

Questão para reflexão

1. Embora a escassez de recursos seja evidente nos municípios brasileiros, você sabia que existem diversas soluções para um trânsito se tornar mais fluido e seguro que não demandam emprego de recursos financeiros? Por exemplo, uma placa de sinalização implantada em local errado pode gerar acidentes de trânsito; uma interseção semaforizada sem a correta regulagem, com o aumento no volume de tráfego, pode causar um congestionamento desnecessário. Ou seja, ações muito simples podem resolver questões graves em uma cidade. Em seu entendimento, que outras intervenções em sinalização urbana não demandariam grandes recursos financeiros e trariam benefícios a longo prazo?

capítulo cinco

A importância de tecnologias da engenharia de tráfego no planejamento de cidades inteligentes

Conteúdos do capítulo:

+ Um panorama sobre *Smart Cities*.
+ Mobilidade inteligente.
+ Cidades-modelo em mobilidade inteligente.
+ Simulação de tráfego.

Após o estudo deste capítulo, você será capaz de:

1. entender o real conceito de *Smart City* e as dimensões dos principais sistemas que uma cidade inteligente deve gerir, tendo um contato maior com a dimensão da mobilidade inteligente;
2. identificar as cidades que já se enquadram no universo da mobilidade inteligente e o que as levou a essa caracterização;
3. compreender como *softwares* de simulação de tráfego podem auxiliar no planejamento de cidades inteligentes.

À medida que as cidades crescem, o desafio de uma gestão eficaz é evidenciado na forma de agregar conceitos de cidades inteligentes e, mais especificamente, de mobilidade inteligente, para responder de maneira sustentável e eficiente às necessidades dos cidadãos. Para auxiliar na tomada de decisão, este capítulo busca apresentar uma série de indicadores como método para avaliar o desempenho da mobilidade inteligente dos centros urbanos. Por fim, você poderá verificar determinadas características associadas ao contexto urbano que, do ponto de vista do planejamento, configuram uma estratégia de mobilidade inteligente.

5.1 *Um panorama sobre* Smart Cities

Governos, empresas e comunidades confiam cada vez mais na tecnologia para superar os desafios da rápida urbanização, contudo é um erro pensar que fazer as cidades mais inteligentes requer apenas mais investimento em tecnologia da informação (TI). O uso da TI deve ser, na realidade, um meio de identificar e atingir metas e objetivos locais (Correia, 2011; Dirks; Keeling, 2009).

Primeiramente, com relação à *Smart City* (ou cidades inteligentes), é importante considerar que o termo *smart* não é o único usado na literatura em referência ao mesmo conceito. Em uma revisão bibliográfica, Dameri (2013) encontrou os termos *Intelligente City, Sustainable City, Technocity, Digital City,* entre outros, em contextos similares ou não aos referentes ao conceito de cidades inteligentes. Nesse sentido, concluiu que, apesar das diferenças, os termos não se contradizem entre si, apenas diversificam o foco principal das definições.

Em um outro estudo, Cocchia (2014) fez uma revisão de literatura na qual compara os usos mais frequentes das termologias *Smart City* e *Digital City*, buscando distinguir os conceitos para entender melhor os significados e as diferenças, visto que são frequentemente sobrepostos, e até mesmo confundidos. Em suas conclusões, ficou evidenciado que, por mais que os termos sejam usados como sinônimos, existem diferenças conceituais:

+ A *Smart City* é uma tendência política, dirigida por instituições governamentais, cujo foco é promover a qualidade do meio ambiente urbano.

+ A *Digital City* diz respeito ao uso de tecnologias da informação e comunicação (TICs) em áreas urbanas e é independente de suas relações com instituições governamentais. Trata-se de uma iniciativa que surge do uso diário de equipamentos e dispositivos digitais pelos cidadãos.

Explicando a origem dos termos, Cocchia (2014) constatou que a *Digital City* começou a ser usada em 1994, após o início do projeto Digital City Amsterdam, que atualmente ainda é tomado como exemplo de sucesso na área. Em 2010, o uso do termo *Smart City* em larga escala foi motivado pela Europe 2020 Strategy, instrumento que foi aprovado pela European Comission e que se constitui em um projeto cuja estratégia concentrou a atenção em preservação do meio ambiente, sustentabilidade e problemas sociais. Ainda nesse estudo, foi analisado o emprego dos termos ao longo do tempo, como mostra o Gráfico 5.1.

Em suma, esses dois conceitos têm origens e focos diferentes:

+ A *Smart City* nasceu de três diferentes fontes – o foco da União Europeia em exigências ambientais; a fonte digital, baseada nas experiências anteriores das *Digital Cities*; e a fonte cultural, que é o capital humano e social, capacitado para construir a *Smart Community*.

+ A *Digital City* tem bases bem fundadas no uso das TICs no desenvolvimento da infraestrutura das cidades.

Gráfico 5.1 – Resultado da análise do emprego das terminologias smart e digital no tempo

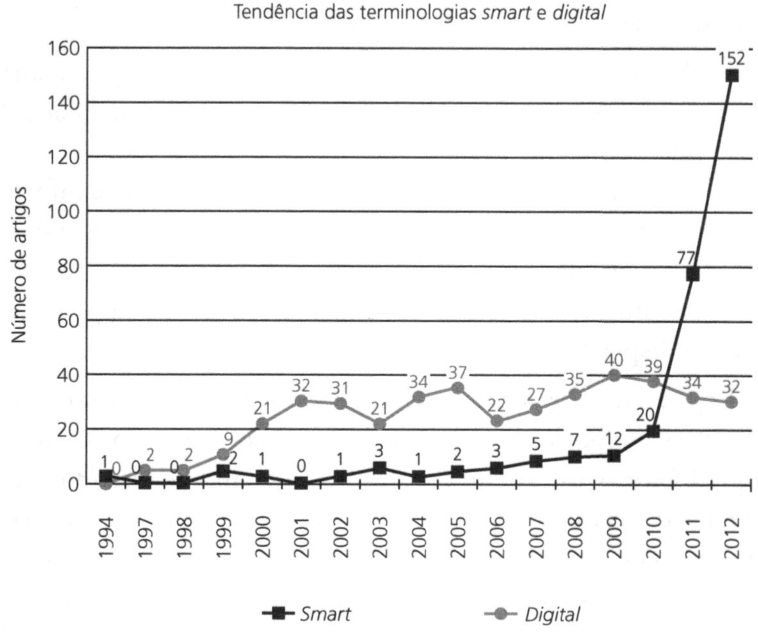

Tendência das terminologias *smart* e *digital*

Fonte: Cocchia, 2014, p. 23, tradução nossa.

Sendo então um conceito mais abrangente, é preciso considerar que uma cidade inteligente deve ter a plena capacidade de conectar capital físico e humano para desenvolver melhores serviços de infraestrutura para seus habitantes, reunindo tecnologia, informação e visão política em um programa coerente de serviços urbanos e planos de melhorias (Correia, 2011; Neirotti et al., 2014)

Segundo Correia (2011), a questão mais importante, que atrapalha os esforços para tornar as cidades mais inteligentes, não é faltar desenvolvimento tecnológico, mas saber lidar com a reorganização da estrutura administrativa existente a fim de tornar aproveitáveis os resultados do uso dessas novas tecnologias.

Os estudos que destacam os desafios quem colocam hoje as cidades sob pressão para agir de maneira inteligente e voltada ao futuro apontam seis sistemas principais a serem geridos (Dirks; Keeling, 2009; Neirotti et al., 2014; Correia, 2011). Vale destacar que as cidades podem se basear em um número diferente de sistemas.

A Figura 5.1 mostra as características dos sistemas principais que uma cidade inteligente deve gerir: economia inteligente (*Smart Economy*), pessoas inteligentes (*Smart People*), governança inteligente (*Smart Governance*), mobilidade inteligente (*Smart Mobility*), ambiente inteligente (*Smart Environment*) e vida inteligente (*Smart Living*). Observar a natureza desses domínios e fatores pode servir como um bom ponto de partida para a consolidação do conceito prático de uma cidade inteligente.

Figura 5.1 – Dimensões e características dos sistemas das cidades inteligentes

Economia inteligente (competitividade)	Pessoas inteligentes (capital social e humano)
Capacidade de inovar	Nível de qualificação
Empreendedorismo	Afinidade com o aprendizado de longo
Marcas registradas e patentes	prazo
Produtividade	Pluralidade étnica e social
Flexibilidade dos mercados de trabalho	Flexibilidade
Inserção internacional	Criatividade
Habilidade para transformar	Cosmopolitismo e interesse pelo
	desconhecido
	Participação na vida pública

(continua)

(Figura 5.1 – conclusão)

Governança inteligente (participação)	Mobilidade inteligente (transporte e TIC)
Participação no processo decisório	Acessibilidade local
Serviços sociais e públicos	Acessibilidade nacional e internacional
Governança transparente	Disponibilidade de infraestrutura de TIC
Perspectivas e políticas estratégicas	Sistemas de transporte inovadores, seguros e sustentáveis

Ambiente inteligente (recursos naturais)	Vida inteligente (qualidade de vida)
Atratividade para condições naturais	Facilidades culturais
Poluição	Sistemas de saúde
Proteção ambiental	Segurança individual
Gestão sustentável de recursos	Qualidade de moradia
	Recursos educacionais
	Atratividade turística
	Coesão social

Fonte: Giffinger et al., 2007, p. 12, tradução nossa.

De acordo com Dameri (2013), há notória divergência entre as concepções sobre a cidade inteligente, fato que se deve, muitas vezes, a conflitos de interesses.

Em linhas gerais, as divergências entre os focos do meio acadêmico e do meio privado podem ser assim descritas: o primeiro se concentra nos resultados e na qualidade da combinação dos sistemas principais das cidades inteligentes; o último tem uma visão mais prática e foca os componentes (como o sistema de TIC para cidades inteligentes). Uma análise conjunta mais profunda dos documentos publicados, no entanto, permite melhorar alguns aspectos para propor uma definição não só teórica, mas útil para apoiar a implementação concreta de cidades inteligentes (Dameri, 2013).

Seguindo essa ideia, Silva ([2016?]), após uma revisão bibliográfica de autores com foco prático e teórico, adotou a seguinte definição para *cidade inteligente*:

uma área política e geograficamente bem definida, que utiliza recursos e inovações tecnológicas (redes de tele-comunicações, sensores, dispositivos móveis, big data, ferramentas da área logística e das diversas engenharias, entre outras) de forma integrada e sinérgica aos servi-ços públicos providos aos cidadãos, aprimorando sua eficiência, eficácia e competitividade com a finalidade de melhorar a qualidade de vida da população em geral, fomentando inclusão social, colaboração e participação em todas as atividades desenvolvidas. Para tanto, possui um planejamento como objetivos e metas específicas, mensuráveis, atingíveis, relevantes e com prazos defini-dos, controladas e avaliadas por um processo rígido de governança. (Silva, [2016?], p. 6)

Apesar da dificuldade em definir, de forma clara e concisa, o con-ceito em questão, em razão dos aspectos explorados neste capítulo, escolhemos adotar a definição proposta por Silva ([2016?]).

5.2 Mobilidade inteligente

A mobilidade inteligente (ou *Smart Mobility*) é apenas um dos tópicos na implementação da cidade inteligente. É, no entanto, um tema crucial, pois pode impactar várias dimensões das cidades inte-ligentes, como os aspectos que compõem a qualidade de vida do cidadão ou os aspectos referentes à poluição ambiental. Trata-se de um conjunto de ações, normalmente caracterizadas com o uso de TICs, coordenadas para melhorar a eficiência, a eficácia e a sus-tentabilidade ambiental das cidades. É um tema entendido como multifacetado, contido no âmbito da definição de *cidade inteligente* (Benevolo; Dameri; D'Auria, 2016).

Com base na análise de literatura feita por Benevolo, Dameri e D'Auria (2016), os mais importantes objetivos da mobilidade urbana inteligente são:

+ a redução da poluição ambiental;
+ a redução dos congestionamentos de tráfego;
+ o aumento da segurança viária e, consequentemente, o aumento da segurança da população;
+ a redução da poluição sonora;
+ o melhoramento no tempo de viagem;
+ a redução dos custos de transporte.

Os mesmos autores definem os principais atores e interesses observados no contexto da mobilidade inteligente, dividindo-os em 4 grupos:

1. **Companhias de transporte público:** seus interesses estão voltados ao propósito de mudar positivamente a qualidade do transporte público, envolvendo uma mudança na frota, na operação e nos combustíveis (adoção de veículos elétricos, veículos com condução automatizada, bilhetagem integrada com outros modais etc.).

2. **Companhias privadas e cidadãos:** seus interesses e necessidades são individuais, mas muitas vezes são apoiados ou estimulados por políticas públicas. Envolvem exigências que podem incluir veículos com determinadas características ou ditar comportamentos diversos para diferentes ofertas de modais de transportes (por exemplo, a introdução de um sistema de *car sharing*, que pode impulsionar o uso de modais alternativos, como caminhar e utilizar o transporte público para complementar trechos do percurso).

3. **Instituições governamentais:** seus interesses são administrar a infraestrutura da cidade e sustentar as políticas de suporte à mobilidade inteligente (como implementação de ciclovias, limitação de zonas de tráfego, mudança nas leis de zoneamento ou incentivo, por meio de tributação, do uso de modais menos poluentes).

4. **Junção ou combinação de todos os atores anteriores,** quando organizados para **iniciativas integradas:** este é o grupo que atua na maior parte das soluções da mobilidade inteligente. Neste contexto, políticas integradas buscam coletar, armazenar e processar informações para implementação de iniciativas e políticas (como exemplo, citamos o controle do tráfego urbano realizado em tempo real, que pode resolver os interesses dos cidadãos no presente e auxiliar as tomadas de decisão sobre infraestrutura e políticas de mobilidade das instituições governamentais).

Todos esses atores têm maior ou menor grau de envolvimento tecnológico em suas ações e interesses. Vale deixar claro que, apesar de a TIC ser a base, outras iniciativas podem contribuir para a implantação da mobilidade inteligente.

Neirotti et al. (2014) observaram que mais de 50% de projetos realizados em 70 cidades inteligentes contemplavam iniciativas relacionadas à mobilidade urbana. Em outra pesquisa, realizada em uma província da Polônia por Dewalska-Opitek (2014), na qual 322 cidadãos responderam sobre a priorização das dimensões da cidade inteligente, 58% dos entrevistados destacaram a importância da mobilidade inteligente, sendo superada apenas pela economia inteligente e pela vida inteligente. Esses trabalhos colaboram para a compreensão da importância da mobilidade inteligente nos centros urbanos.

Graças ao enorme potencial de impacto na qualidade de vida por um sistema de mobilidade mal gerido, a mobilidade inteligente é frequentemente apresentada como uma das principais opções na procura por sistemas de transporte mais sustentáveis, que aumentem o bem-estar dos cidadãos (Benevolo; Dameri; D'Auria, 2016; Silva, [2016?]).

5.2.1 Cidades-modelo em mobilidade inteligente

Tornar-se uma cidade inteligente é uma jornada, não é uma transformação rápida. O processo deve ser encarado como uma mudança revolucionária da gestão, e não evolucionária, pois os sistemas e as ferramentas da área, quando usados corretamente, abrem novos caminhos às administrações municipais para decidir quais são as atividades essenciais que devem ser expandidas nesse novo sistema. Além disso, é clara a necessidade de as administrações trabalharem com outros níveis de governo, especialmente em nível nacional, interagindo com outras cidades do país, bem como com setores privados e sem fins lucrativos, para que todas essas inter-relações estejam contempladas nas decisões (Dirks; Keeling, 2009).

Ao monitorar as mudanças contínuas das cidades europeias, o projeto European Smart Cities vem desde 2007 trabalhando na questão das cidades inteligentes no continente. Esse projeto buscou, em sua primeira versão, criar 74 indicadores, divididos entre as dimensões das cidades inteligentes, para analisar características e fatores decisivos para um desenvolvimento bem-sucedido da cidade. Os fatores e indicadores propostos pelos autores para a mobilidade inteligente são apresentados no Quadro 5.1

Quadro 5.1 – Fatores e indicadores da mobilidade inteligente

	Fator	Indicador
Mobilidade inteligente	Acessibilidade local	Rede de transporte público por habitante
		Satisfação com o acesso ao transporte público
	Acessibilidade (inter-)nacional	Acessibilidade internacional
	Disponibilidade de infraestrutura de TIC	Computadores em residências
		Acesso de internet banda larga em residências
	Sistemas de transporte sustentáveis, inovadores e seguros	Green mobility share (tráfego individual não motorizado)
		Trânsito seguro
		Uso de carros econômicos

Fonte: Giffinger et al., 2007, p. 23, tradução nossa.

Os resultados foram obtidos com base na análise de dados primários, secundários e pesquisas de campo, principalmente por meio de entrevistas. Giffinger et al. (2007) estudaram e ranquearam as cidades médias europeias, que, segundo a metodologia aplicada pelos autores, são cidades com população maior que 100 mil habitantes, têm ao menos uma universidade e têm alta densidade demográfica na área urbana.

No ano de 2014, as cidades médias europeias foram analisadas em todas as dimensões das cidades inteligentes e foram ranqueadas conforme seu desempenho geral, tal como mostra a Tabela 5.1, em que os números indicados são a classificação da cidade em cada campo.

Tabela 5.1 – Ranking *geral das 20 primeiras cidades médias europeias*

	Cidade	Economia	Pessoas	Governança	Mobilidade	Meio ambiente	Vida	Total
LU	Luxembourg	1	18	56	4	16	4	1
DK	Aarhus	2	3	6	3	19	27	2
SE	Umeaa	24	5	2	34	1	13	3
SE	Eskilstuna	21	1	7	24	3	41	4
DK	Aalborg	10	11	5	14	14	10	5
SE	Joenkoeping	32	13	3	11	2	26	6
DK	Odense	13	9	4	20	9	40	7
FI	Jvyäskylä	23	8	1	47	5	25	8
FI	Tampere	16	2	15	31	12	14	9
AT	Salzburg	27	24	29	2	27	1	10
FI	Torku	20	6	12	15	18	29	11
FI	Oulu	14	4	9	39	13	35	12
AT	Innsbruck	35	27	26	12	6	3	13
AT	Linz	11	23	31	8	25	7	14
SI	Ljubljana	6	7	34	33	21	21	15
AT	Graz	26	21	33	9	28	2	16
NL	Eindhoven	5	12	24	1	49	49	17
DE	Regensburg	4	17	37	10	37	11	18
FR	Montpellier	29	20	16	46	4	30	19
BE	Gent	15	29	27	6	41	9	20

Fonte: *Technische Universitat Wien, 2015, tradução nossa.*

Organizando-se a mesma classificação para as cidades com melhor desempenho em mobilidade inteligente, como os próprios autores comentam, é notável o melhor desempenho nos países do Benelux e da Dinamarca (Giffinger et al., 2007).

Tabela 5.2 – Ranking *geral das 20 primeiras cidades médias europeias*

Cidade	Economia	Pessoas	Governança	Mobilidade	Meio ambiente	Vida
NL Eindhoven	5	12	24	1	49	49
AT Salzburg	27	24	29	2	27	1
DK Aarhus	2	3	6	3	19	27
LU Luxembourg	1	18	56	4	16	4
UK Leicester	7	35	46	5	67	63
BE Gent	15	29	27	6	41	9
DE Erfurt	22	28	30	7	51	38
AT Linz	11	23	31	8	25	7
AT Graz	26	21	33	9	28	2
DE Regensburg	4	17	37	10	37	11
SE Joenkoeping	32	13	3	11	2	26
AT Innsbruck	35	27	26	12	6	3
UK Portsmouth	9	30	42	13	65	53
DK Aalborg	10	11	5	14	14	10
FI Torku	20	6	12	15	18	29
DE Trier	30	33	19	16	48	19
NL Enschede	36	19	23	17	61	33
NL Nijmegen	28	10	8	18	57	43
UK Cardiff	12	32	44	19	58	16
DK Odense	13	9	4	20	9	40

Fonte: *Technische Universitat Wien, 2015, tradução nossa.*

Eindhoven, cidade holandesa, é classificada como aquela com o melhor desempenho em mobilidade inteligente e como a 17ª cidade inteligente no *ranking* geral das cidades médias europeias. No Gráfico 5.2, apresentamos em detalhes o desempenho dessa cidade nas dimensões da cidade inteligente e, no Gráfico 5.3, mostramos o desempenho nos fatores da mobilidade inteligente.

Gráfico 5.2 – Perfil da cidade de Eindhoven

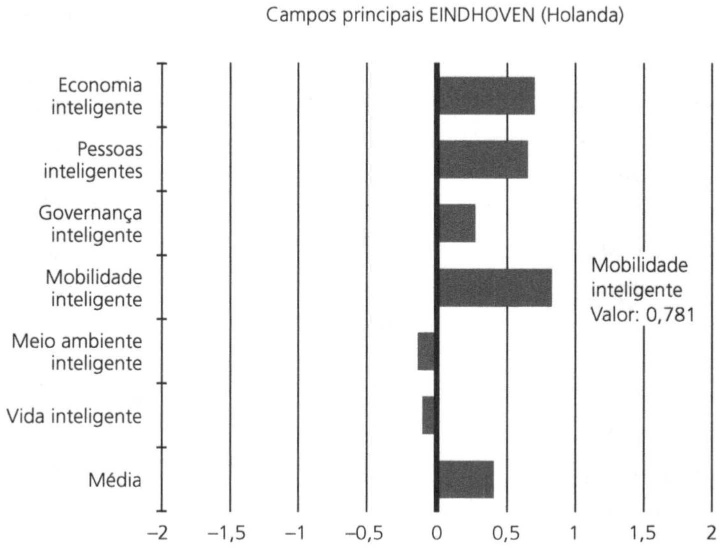

Campos principais EINDHOVEN (Holanda)

Mobilidade
inteligente
Valor: 0,781

Fonte: Technische Universitat Wien, 2015, tradução nossa.

Gráfico 5.3 – Perfil da mobilidade inteligente de Eindhovn

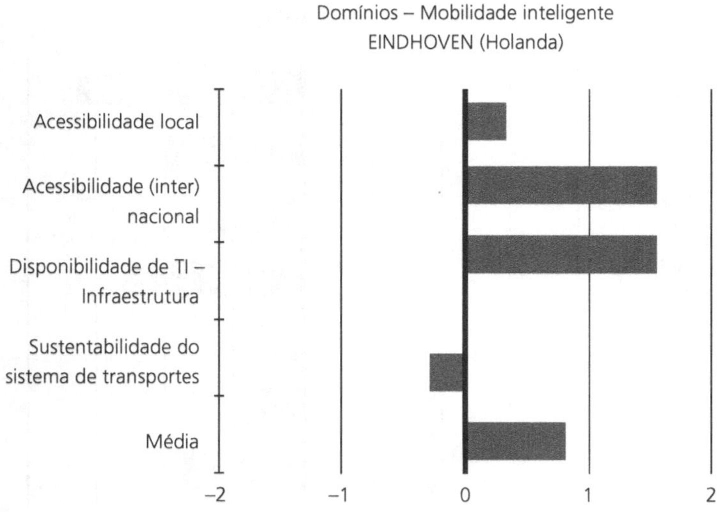

Domínios – Mobilidade inteligente
EINDHOVEN (Holanda)

Acessibilidade local

Acessibilidade (inter)
nacional

Disponibilidade de TI –
Infraestrutura

Sustentabilidade do
sistema de transportes

Média

-2   -1   0   1   2

Fonte: *Technische Universitat Wien, 2015, tradução nossa.*

Os autores desse estudo da Technische Universitat Wien (2015) advertem que, em razão do uso de diferentes fontes de dados e alterações, bem como de melhorias nas definições de indicadores, os perfis de cidades não devem ser comparados diretamente entre si em diferentes versões da pesquisa. Porém, apenas como caráter ilustrativo, a seguir mostraremos (Gráficos 5.4 e 5.5) as mesmas medições de desempenho para uma cidade grande europeia no mesmo país de Eindhoven: Amsterdã.

Gráfico 5.4 – Perfil da cidade de Amsterdã

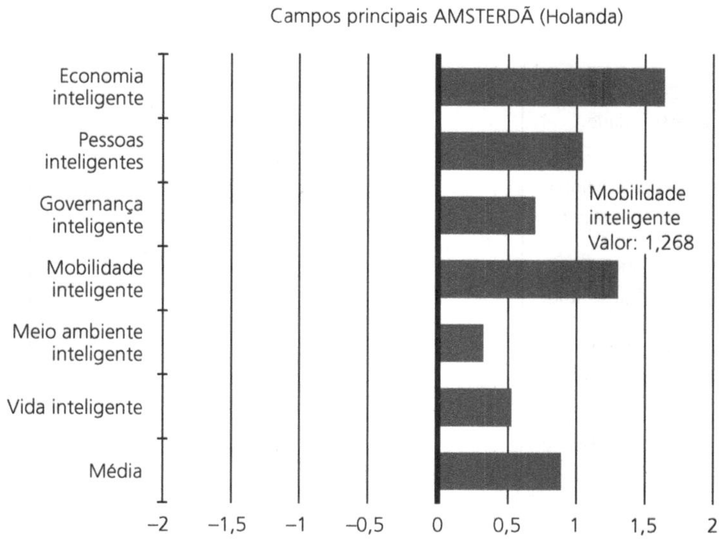

Campos principais AMSTERDÃ (Holanda)

Economia inteligente

Pessoas inteligentes

Governança inteligente

Mobilidade inteligente

Meio ambiente inteligente

Vida inteligente

Média

Mobilidade inteligente
Valor: 1,268

-2   -1,5   -1   -0,5   0   0,5   1   1,5   2

Fonte: *Technische Universitat Wien, 2015, tradução nossa.*

Gráfico 5.5 – Perfil da mobilidade inteligente de Amsterdã

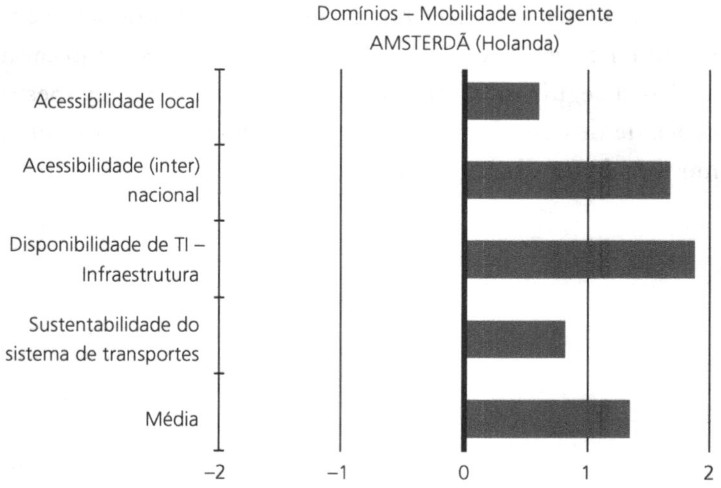

Domínios – Mobilidade inteligente
AMSTERDÃ (Holanda)

Acessibilidade local

Acessibilidade (inter) nacional

Disponibilidade de TI – Infraestrutura

Sustentabilidade do sistema de transportes

Média

-2   -1   0   1   2

Fonte: *Technische Universitat Wien, 2015, tradução nossa.*

Amsterdã foi classificada em 2015 em um grupo de cidades grandes, cuja população tem entre 300 mil e 1 milhão de habitantes. Nessa edição da pesquisa, 90 cidades de 21 países foram ranqueadas. Amsterdã, vale ressaltar, é uma cidade referência em cidade inteligente e mobilidade inteligente.

5.3 Simulação de tráfego

Segundo Araújo (2003), os modelos de simulação de tráfego reproduzem de maneira lógica a evolução do tráfego no ambiente viário, estimando elementos tais como atrasos, tempos de viagem e velocidades. Atualmente, existem basicamente três modelos de simulação: o macroscópico, o microscópico e o mesoscópico. A diferença entre esses modelos se dá no aspecto de agregação de representação do tráfego, no objetivo da avaliação etc.

Conforme Astarita (2001, citado por Gomes, 2004), no modelo microscópico, os veículos na corrente de tráfego são tratados de forma individual e movem-se segundo o comportamento *car following* e mediante modelos de mudança de faixa (*lane change*) por rotas preestabelecidas. Esse tipo de análise exige mais recursos computacionais e permite o estudo de fluxos não necessariamente homogêneos ou ininterruptos. Alguns *softwares* disponíveis para esse tipo de análise são: Corsim, Aimsun e Vissim, Simtraffic, Transims.

Por sua vez, no modelo macroscópico, de acordo com Silva e Tyler (2001), analisam-se as correntes de tráfego como meios fluidos contínuos, nos quais a noção de partícula não é considerada. Dessa forma, Silva (2001, citado por Freitas, 2006) salienta que esse tipo de abordagem é indicado para estudos de tráfego com grande densidade, e não para fluxos rarefeitos, permitindo que o engenheiro tenha uma melhor compreensão das limitações de capacidade dos sistemas viários e possa fazer uma avaliação de consequências de ocorrências que provoquem pontos de estrangulamento no sistema viário. Essa modelagem, segundo Araújo (2003), é considerada a tradicional, pois as hipóteses simplificadas conduzem a previsões de fluxos satisfatórias para fins de gerenciamento de tráfego e planejamento de transportes. Hallmann (2011) avalia que o fluxo macroscópico tem como variáveis volume, densidade e velocidade. Entre os *softwares* disponíveis no mercado para esse tipo de análise, podemos citar: Synchro, Transcad, Emme/2, Polydron.

O modelo mesoscópico considera o sistema de tráfego composto de elementos discretos. Tais elementos não são unitários, pois formam pelotões e apresentam características dos modelos macroscópicos e microscópicos (Silva; Tyler, 2001). De acordo com Silva (2001, citado por Freitas, 2006), essa abordagem é útil para estabelecer políticas de coordenação semafórica, já que, para muitos, a análise mesoscópica está inserida nas análises macroscópicas. Entre os programas disponíveis para análise desse modelo, podemos citar: Dynasmart, Dynamit e Dynemo, Saturn, Transyt, Scoot.

Síntese

I. Neste capítulo, você viu conceituações e tecnologias de engenharia de tráfego pertinentes ao entendimento das *Smart Cities* e a importância disso na busca por uma cidade mais sustentável nas dimensões social, econômica e ambiental, considerando-se exemplos já consolidados no mundo.

II. Você também verificou como a tecnologia pode auxiliar na tomada de decisão no campo da engenharia de tráfego, por meio de simulações que visam identificar os principais problemas de fluidez e solucioná-los de forma rápida e eficaz.

Para saber mais

BERNARDINIS, M. A. P.; PIANEZZER, T. A.; MUNICH, G. L. Estudo de impacto no trânsito em dois trechos da via rápida do eixo estrutural de Curitiba pela implantação de faixas exclusivas utilizando simuladores de tráfego. In: SIMPÓSIO DE TRANSPORTES DO PARANÁ, 1., 2018, Curitiba.

PAVELSKI, L. M.; BERNARDINIS, M. de A. P. Mobilidade urbana: Quais soluções para as adversidades das cidades do futuro? In: SANTOS, F. dos. (Org.). **Geografia no século XXI**. Belo Horizonte: Poisson, 2019. p. 7-17. v. 4.

Aqui indicamos estudos que tratam da aplicação da engenharia de tráfego para a melhoria da mobilidade urbana.

Questões para revisão

1. Quais são as principais dimensões a serem observadas para que uma cidade seja considerada inteligente?

2. Com relação às simulações de tráfego, diferencie macrossimulação de microssimulação.

3. Relacione adequadamente os fatores de mobilidade inteligente aos respectivos indicadores.

1) Sistemas de transporte sustentáveis	( ) Satisfação com o acesso ao transporte público
2) Acessibilidade nacional	( ) Acessibilidade internacional
3) Acessibilidade local	
4) Disponibilidade de infraestrutura	( ) Trânsito seguro
	( ) Computadores em residências

Agora, assinale a alternativa que indica a sequência obtida:

a. 2, 1, 3, 4.

b. 1, 2, 1, 3.

c. 3, 2, 1, 4.

d. 4, 3, 1, 2.

e. 5, 3, 2, 4.

4. Classifique as afirmativas a seguir em verdadeiras (V) ou falsas (F).

( ) As cidades digitais têm suas bases bem fundadas no uso das TICs no desenvolvimento da infraestrutura das cidades.

( ) O grande desafio para tornar as cidades mais inteligentes não está na falta de desenvolvimento tecnológico, mas na capacidade de lidar com a reorganização da estrutura administrativa existente, de modo que se consiga aproveitar os resultados do uso dessas tecnologias.

( ) A mobilidade inteligente pode ser definida como um conjunto de ações que reduzam a poluição ambiental e sonora, reduzam os congestionamentos e aumentem a segurança da população, mesmo que isso signifique aumentar o tempo de viagem e os custos de transporte.

Agora, assinale a alternativa que indica a sequência obtida:

a. V, V, V.

b. F, F, V.

c. F, V, F.

d. V, V, F.

e. V, F, V.

5. "O _____ considera o sistema de tráfego composto de elementos discretos. É usado para estabelecer, por exemplo, políticas de coordenação semafórica." Assinale a alternativa cujo conteúdo preenche corretamente a lacuna da frase do enunciado:

a. Simulador de tráfego.

b. Modelo mesoscópico.

c. Modelo macroscópico.

d. Modelo microscópico.

e. Modelo vital.

Questão para reflexão

1. Sabe-se que, para receber o título de *Smart City*, uma cidade deve desenvolver uma mobilidade mais inteligente, com a utilização, por exemplo, de simuladores de tráfego como ferramentas importantes nas tomadas de decisão. Entretanto, o conceito envolve também ações inovadoras nas áreas de economia, governança, ambiente, pessoas e vida inteligente, sendo mais abrangente que o conceito de cidade digital. É possível, nesse contexto, que uma cidade com escassez de recursos consiga o título de *Smart City*?

✦ ✦ ✦

capítulo seis

Planejando cidades seguras

Conteúdos do capítulo:

+ Década de Ação pela Segurança no Trânsito.
+ O papel da educação para o trânsito.
+ Uma cidade segura pensada para as pessoas.

Após o estudo deste capítulo, você será capaz de:

1. compreender a importância de cada um dos pilares da Década de Ação pela Segurança no Trânsito;
2. identificar as campanhas e diretrizes nacionais de educação para o trânsito;
3. entender que uma cidade planejada não é necessariamente uma cidade segura.

Os estudos que envolvem segurança viária devem, segundo Cucci Neto (1996), abranger os quatro componentes do sistema de trânsito: a via, o veículo, o homem e o ambiente. Esses elementos são assim descritos considerando-se o contexto de atuação da engenharia de tráfego, de acordo com Bernardinis (2016, s.p.):

A VIA: as melhorias na via, para redução do número de acidentes de tráfego, representam o campo em que mais se permite a ação do engenheiro de tráfego: melhorias no pavimento, melhorias na sinalização, sistemas de controle de tráfego, atendimento de acidentados. Embora os fatores humanos sejam os maiores contribuintes para os acidentes, são difíceis de identificar e caros para remediar. Já as medidas corretoras de engenharia podem causar maior impacto sobre os acidentes, porque fatores de via/meio ambiente são relativamente fáceis de determinar, e podem ser frequentemente reduzidos rapidamente com soluções de baixo custo.

O VEÍCULO: automóveis se tornaram menores, caminhões maiores e mais pesados e os motores em ambos se tornaram mais potentes. Já as dimensões dos veículos que utilizam um sistema viário influenciam em diversos fatores, tais como: largura das pistas, das faixas de tráfego, dos acostamentos, nos raios mínimos da curva, no peso bruto e no gabarito vertical.

O USUÁRIO: as pessoas, apesar do nível de informação que possam possuir, quando colocadas diante de situações inesperadas na via, reagem inicialmente de maneira automática. O controle sobre o homem torna-se invariavelmente complexo e é notória uma certa ineficiência de muitos programas de ação que visem mudanças nas suas atitudes.

O AMBIENTE: essa variável do trânsito não é controlável. A atuação do engenheiro de tráfego é promover medidas de prevenção (contra enchentes, neblina etc.), procurando assim reduzir os riscos de acidentes com o ambiente adverso.

Vale notar, com base nesse contexto, o que revela a Figura 6.1: 78% dos acidentes têm como causa principal o fator humano, seguidos de 15,4% de acidentes causados tanto por fatores humanos quanto por fatores ligados às vias e ao meio ambiente (Bernardinis, 2016).

Figura 6.1 – Causas de acidentes

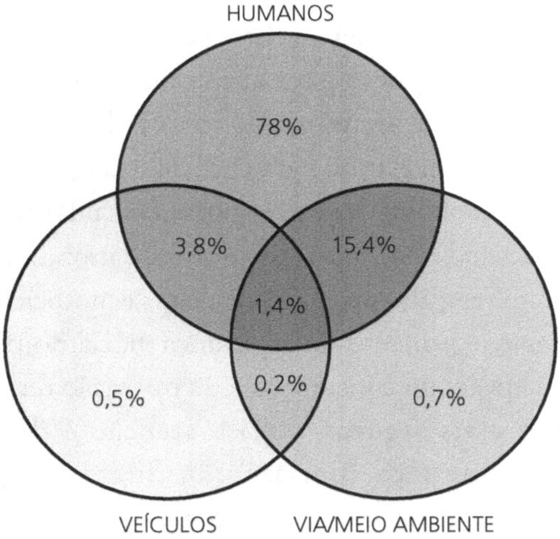

HUMANOS

78%

3,8%   15,4%

1,4%

0,5%   0,2%   0,7%

VEÍCULOS   VIA/MEIO AMBIENTE

Fonte: Regio, 2012, p. 46.

Tendo em vista a importância dessa temática, examinaremos, na sequência, as principais ações voltadas à mitigação da violência no trânsito em nível mundial.

6.1 Década de Ação pela Segurança no Trânsito

Em 11 de maio de 2011, foi lançada a Década de Ação pela Segurança no Trânsito (ONU, 2020). O desafio desse projeto de reduzir os acidentes de trânsito começou em uma iniciativa da Organização das Nações Unidas (ONU) em março de 2010.

O Plano de Ação Global para a Década consiste em um modelo a ser utilizado em todo o mundo, com vistas à redução do número de acidentes no trânsito. Esse plano serve de balizador para que os países elaborem seus planos nacionais.

Veja a seguir os cinco pilares da iniciativa:

1. **Gestão da segurança no trânsito:** esse pilar consiste no incentivo à criação de parcerias entre vários setores e à designação de organismos-piloto para que sejam desenvolvidas estratégias nacionais de segurança do trânsito baseadas em estudos avaliativos da execução e da eficácia das ações.

2. **Estradas e mobilidade mais seguras:** esse pilar tem como base a atenção aos critérios de segurança e mobilidade, especialmente em relação a pedestres, ciclistas e motociclistas. O foco do pilar é o aumento da segurança viária no planejamento, na concepção, na construção e na operação das vias.

3. **Veículos mais seguros:** aqui a atenção é dada aos critérios de segurança com atuação direta do governo dos Estados-membros quanto a incentivos fiscais e à utilização de tecnologias de segurança no trânsito.

4. **Usuários de rodovias mais seguros:** esse pilar visa desenvolver programas para a melhoria do comportamento do usuário do trânsito, com a educação e a sensibilização do público, para aumentar as taxas de uso do cinto de segurança e do capacete e reduzir a prática de beber e dirigir, o excesso de velocidade e outros fatores de risco.

5. **Atendimento a vítimas:** esse pilar visa ao aumento das respostas às emergências decorrentes de acidentes de trânsito e à melhora da capacidade que o sistema de saúde e os demais sistemas envolvidos têm de fornecer o tratamento emergencial adequado urgente e a reabilitação das vítimas de acidentes de trânsito.

6.2 *O papel da educação para o trânsito*

Antigamente, as legislações de trânsito tinham caráter normativo e educativo, mas não eram suficientes para reduzir os acidentes de trânsito. Foi então que os governos mundiais começaram a entender a necessidade de passar do aspecto legislativo para a atuação na formação do cidadão para educá-lo para o trânsito.

O trânsito, conforme Código Trânsito Brasileiro (CTB), consiste na utilização de vias para fins de circulação, parada, estacionamento e operação de carga e descarga (Brasil, 1997). Por sua vez, para Rozestraten (1988), refere-se ao deslocamento de pessoas e veículos nas vias públicas, conforme um sistema convencional de normas, que tem por fim assegurar a integridade de seus usuários.

Nessa perspectiva, por mais que existam divergências quanto à melhor forma de aplicação da educação para o trânsito, deve-se levar em consideração que o conceito de educação de trânsito implica diretamente a conquista de um trânsito civilizado, e não militarizado. Isso significa que a educação e a formação do condutor devem ter papel fundamental, em detrimento das punições previstas em lei.

Como veremos, a civilização do trânsito pode ocorrer por meio de campanhas educativas.

6.2.1 Campanhas de educação

Conforme a Resolução n. 314, de 8 de maio de 2009, do Conselho Nacional de Trânsito (Contran), campanhas educativas são todas as ações que tenham por objetivo "informar, mobilizar, prevenir ou alertar a população ou segmento da população para adotar comportamentos que lhe tragam segurança e qualidade de vida no trânsito" (Contran, 2009).

No CTB, por sua vez, o tema *educação para o trânsito* está presente no art. 75:

> Art. 75. O CONTRAN estabelecerá, anualmente, os temas e os cronogramas das campanhas de âmbito nacional que deverão ser promovidas por todos os órgãos ou entidades do Sistema Nacional de Trânsito, em especial nos períodos referentes às férias escolares, feriados prolongados e à Semana Nacional de Trânsito.
>
> § 1º Os órgãos ou entidades do Sistema Nacional de Trânsito deverão promover outras campanhas no âmbito de sua circunscrição e de acordo com as peculiaridades locais.
>
> § 2º As campanhas de que trata este artigo são de caráter permanente, e os serviços de rádio e difusão sonora de sons e imagens explorados pelo poder público são obrigados a difundi-las gratuitamente, com a frequência recomendada pelos órgãos competentes do Sistema Nacional de Trânsito. (Brasil, 1997)

O Contran trata do tema com base em duas resoluções:

+ Resolução n. 30, de 21 de maio de 1998: atenção aos fatores de risco de acidentes de trânsito. Por exemplo: acidentes com pedestres, ingestão de álcool, excesso de velocidade, segurança veicular, equipamentos obrigatórios dos veículos e seu uso.
+ Resolução n. 314, de 8 de maio de 2009: orientações para realização de campanhas educativas de trânsito, que devem seguir quatro passos:

1. **Pesquisa:** levantamento de informações para o direcionamento das ações de trânsito e temas para campanhas educativas. Essas pesquisas levam em consideração a percepção da população e dados estatísticos.

2. **Elaboração da campanha:** devem ser observados os seguintes aspectos: utilização de linguagem acessível; foco no ser humano; destaque a situações cotidianas do trânsito; atendimento a princípios e valores constantes na Política Nacional de Trânsito (PNT); extremo cuidado com abordagens negativas ou que apresentem violência para evitar a insensibilidade das pessoas; e critérios para utilização de personagens ou personalidades nas campanhas de trânsito, principalmente no que se refere à reputação quanto ao trânsito.

3. **Pré-teste:** antes da publicação para o grande público, as campanhas são submetidas às pesquisas para verificar o atendimento aos objetivos.

4. **Pós-teste:** deve-se fazer uma avaliação das campanhas depois de serem publicadas, para verificar se os objetivos foram atingidos.

Note que as campanhas de trânsito brasileiras têm ocorrido para sensibilizar os usuários do sistema de transporte como um todo, incentivando práticas seguras e alertando sobre os perigos provenientes das transgressões da lei.

6.2.2 Diretrizes Nacionais da Educação para o Trânsito

Para atender ao que determina o CTB, o Departamento Nacional de Trânsito (Denatran) elaborou as Diretrizes Nacionais da Educação para o Trânsito, direcionadas à pré-escola e ao ensino fundamental. Esses documentos visam nortear o Ministério da Educação, bem como todo o ensino brasileiro, na aplicação do tema *trânsito* naqueles dois níveis de ensino, visando ao desenvolvimento de cidadãos e motoristas conscientes acerca da importância no trânsito.

No que concerne à fase pré-escolar, essas diretrizes têm fundamentos, princípios e procedimentos ancorados:

I – nas bases legais que orientam:

a) os Sistemas de Ensino da Educação Brasileira;

b) o Sistema Nacional de Trânsito;

II – numa dimensão conceitual de trânsito como direito de todas as pessoas e que compreende aspectos voltados à segurança, à mobilidade humana, à qualidade de vida e ao universo das relações sociais no espaço público;

III – nas propostas pedagógicas das instituições de Educação Infantil, constantes nas Diretrizes Curriculares Nacionais para a Educação Infantil;

IV – numa abordagem que priorize a educação para a paz, a partir de exemplos positivos, capazes de desenvolver esquemas de interação com os outros e com o meio, oferecendo condições para que as crianças aprendam a ser, a estar e a conviver no trânsito;

V – em aprendizagens que favoreçam a aquisição de atitudes seguras no trânsito e reflitam o exercício da ética e da cidadania no espaço público;

vi – no reconhecimento das crianças como cidadãs cujos direitos devem ser preservados e legitimados. (Denatran, 2009)

O trabalho desenvolvido nessa etapa tem como objetivos:

i – considerar as capacidades afetivas, emocionais, sociais e cognitivas de cada criança, garantindo um ambiente saudável e prazeroso à prática de experiências educativas relacionadas ao trânsito;

ii – favorecer o desenvolvimento de posturas e atitudes que visem a segurança individual e coletiva para a construção de um espaço público democrático e equitativo;

iii – respeitar as diversidades culturais, os diferentes espaços geográficos e as relações interpessoais que neles ocorrem;

iv – superar a concepção reducionista de que educação para o trânsito é apenas a preparação do futuro condutor;

v – criar condições que favoreçam a observação e a exploração do ambiente, a fim de que as crianças percebam-se como agentes transformadores e valorizem atitudes que contribuam para sua preservação;

vi – utilizar diferentes linguagens (artística, corporal, oral e escrita) e brincadeiras para desenvolver atividades relacionadas ao trânsito;

vii – proporcionar situações, de forma integrada, que contribuam para o desenvolvimento das capacidades de relação interpessoal, de ser e de estar com os outros e de respeito e segurança no espaço público;

viii – envolver a família e a comunidade nas ações educativas de trânsito desenvolvidas. (Denatran, 2009)

Devemos destacar ainda que, além do pensamento da educação para o trânsito, o fator *via* também deve ser levado em consideração, razão pela qual vamos destacar esse ponto nos tópicos seguintes.

6.3 *Uma cidade segura é pensada para pessoas*

Para Gehl (2013), a promoção do espaço urbano para as pessoas deve privilegiar o deslocamento à propulsão humana – pedestre e portador de necessidades especiais –, o ciclista e, por último, os veículos, dando preferência ao transporte público. Nesse contexto, ciclovias e ciclofaixas devem ser agregadas às ruas e avenidas a fim de subtrair pistas anteriormente voltadas aos carros. O autor ressalta igualmente a necessidade de haver alargamento das calçadas e segurança nas ruas, de modo a tornar o lazer algo baseado não mais no consumo, mas nas trocas sociais. No entanto, mais importante que isso é a garantia de espaço para calçadas e praças. Uma cidade para pessoas, segundo Gehl (2013), também institui as zonas 30* e veda o trânsito de automotores em ruas em todos os bairros nos fins de semana.

Um dos maiores exemplos de cidades planejadas para pessoas é Amsterdã. Conforme Garcia (2011), a cidade buscou categorizar as ruas já existentes em vez de criar ou alargar as ruas para maior locomoção dos carros. Nas ruas residenciais, com circulação livre de ciclistas e pedestres, só há permissão para circulação de carros e motos dos moradores locais, sem espaço para o transporte público. As ruas com pequenos comércios são concebidas para pedestres,

+ + +

* Zonas 30, ou áreas calmas, são locais onde a velocidade permitida da via não ultrapassa 30 km/h, o que permite que pedestres, ciclistas e motoristas possam fazer uso compartilhado do sistema de transporte, com menor risco de acidentes, os quais, porém, caso ocorram, possam ser de menor gravidade.

com calçadas largas e restrição de circulação de carros e inexistência de estacionamentos. As avenidas arteriais que ligam bairros a área importantes, por sua vez, apresentam apenas espaços destinados a ciclistas. Tais intervenções norteiam o Poder Público na tomada de decisão acerca do impedimento do crescimento do uso do carro e do aumento do número de deslocamentos a pé e por bicicleta.

Copenhague também é um exemplo de cidade planejada para pessoas, com espaços definidos e respeitados para pedestres, ciclistas, cadeirantes e motoristas. Vagões de trens dispõem de espaço especial para engate de bicicletas, e o asfalto das avenidas tem demarcação para que os carros esperem a passagem de bicicletas antes de realizarem conversão à direita. Para pedestres, nos pontos de ônibus estão instalados mapas com itinerários que indicam quais linhas passam em determinada localização, além de cabines que protegem e confortam os usuários do transporte público. Além disso, ciclistas contam com semáforos exclusivos, garantindo a chamada *onda verde* quando trafegam a 20 km/h, fazendo da bicicleta o meio de transporte mais eficaz da cidade (Garcia, 2012a).

6.3.1 Medidas de moderação de tráfego

A moderação de tráfego, conhecida também como *traffic calming*, está entre as medidas adotadas para a redução dos acidentes de trânsito pela redução da velocidade. A seguir, destacaremos alguns modelos de desenhos urbanos voltados às pessoas, conforme o manual *O desenho de cidades seguras* (Welle et al., 2016) e o *Manual de medidas moderadoras de tráfego* (BHTRANS, 1999).

- **Chicanas:** tais desvios criados para desacelerar o tráfego acarretam o estreitamento do leito viário, desviando os condutores da linearidade da via. As chicanas podem ser desenhadas em zigue-zague ou de forma escalonada, alternando o estacionamento de um lado para o outro da via e combinando tal intervenção com extensões de meio-fio e travessias elevadas.

- **Extensões do meio-fio:** caracterizadas como extensões da calçada, normalmente em interseções, a concepção desse desenho consiste no avanço do meio-fio para dentro da faixa de rolamento – geralmente destinada a estacionamento. Visa à melhoria da visibilidade dos pedestres e à redução da exposição do risco na travessia. Com essa medida, criam-se espaços para instalação de mobiliário urbano, paraciclos e demais equipamentos, além da moderação do tráfego e da prevenção física de estacionamentos ilegais próximos a travessias.

- **Canteiros centrais – ilhas de refúgio:** de acordo com o documento *O desenho de cidades seguras* (Welle et al., 2016), os canteiros centrais e as ilhas de refúgio são concebidos em lugares onde os pedestres atravessam, no centro da via. São dispositivos que reduzem o risco de conversão à esquerda, as colisões frontais e a exposição ao risco dos pedestres mediante encurtamento do percurso.

- **Vias compartilhadas:** chamadas de *home zones* no Reino Unido e *woonerfs* na Holanda, as vias prioritárias para pedestres são concebidas mediante compartilhamento por todos os usuários, motorizados e não motorizados, e projetadas para proporcionar segurança aos não motorizados por meio de redução drástica da velocidade dos motorizados. Tal redução ocorre pela pavimentação com blocos, por curvas que priorizem os pedestres e por vegetação adequada. O desenho das vias compartilhadas permite o uso ativo do solo, a realização de atividades ao ar livre, o pedestrianismo e a utilização da rua como local de lazer, ao mesmo tempo que mantém o acesso veicular.

+ **Área calma**: é uma área com vias de velocidades reduzidas, geralmente entre 30 e 40 km/h.

+ **Lombadas, travessias elevadas e platôs**: são deflexões verticais na via que promovem alteração de seu perfil, para a redução da velocidade e, no caso de platôs e travessias elevadas, a travessia de pedestres.

A escolha da forma do ambiente urbano, no qual se incluem os sistemas de transporte, define a escolha das cidades pela priorização de pedestres e bicicletas ou pela priorização do carro, a provisão de cidades mais saudáveis e sustentáveis para se viver ou o aumento da poluição ambiental, dos congestionamentos e das mortes no trânsito. Neste livro, voltado às práticas do uso democrático do espaço urbano, buscamos evidenciar a recorrência e a importância delas ao redor do mundo, como parte integrante de um conjunto de políticas de mobilidade urbana sustentável, humana e inteligente.

Nesse contexto, destacamos aqui a necessidade de se priorizar o ser humano em tais projetos, de modo a tornar a rua um local seguro, inclusivo e vivo, substituindo-se o conceito de lugar de passagem pelo de lugar de convívio.

Síntese

I. Neste capítulo, você pôde refletir sobre a importância de conhecer campanhas e ações/intervenções tanto para a redução dos acidentes de trânsito como para a educação no trânsito, entendendo em que medida isso pode impactar o planejamento de cidades mais seguras.

II. Você também tomou conhecimento de medidas de moderação de tráfego e do modo como estas podem contribuir para uma mobilidade mais democrática, colocando o ser humano em primeiro lugar.

Para saber mais

BASTOS, J. T. et al. Uma retrospectiva acerca do desempenho brasileiro no contexto da Década Mundial de Ações para a Segurança Viária. In: CONGRESSO ANPET, 30., 2016, Rio de Janeiro.

FERRAZ, C. et al. **Segurança viária.** São Carlos: Suprema, 2012.

GEHL, J. **Cidade para pessoas.** 2. ed. São Paulo: Perspectiva. 2013.

As obras aqui recomendadas têm em comum a defesa do pensamento segundo o qual a cidade deve ser feita para as pessoas, e não para os carros. Ter em vista as práticas de segurança viária e atrelá-las a uma infraestrutura que privilegie as pessoas são questões primordiais em cidades inteligentes.

WELLE, B. et al. **O desenho de cidades seguras:** diretrizes e exemplos para promover a segurança viária a partir do desenho urbano. Revisão e adaptação da versão em português de Brenda Medeiros et al. Rio de Janeiro, WRI; Embarq. 2016.

Questões para revisão

1. Cite três medidas de moderação de tráfego e aponte as funcionalidades delas.

2. Por que não se opta por propagandas impactantes nas campanhas de educação para o trânsito brasileiras?

3. As Diretrizes Nacionais da Educação para o Trânsito têm os seguintes objetivos, **exceto**:

   a. educar com base em exemplos de ética e cidadania.

   b. educar não somente para preparar o futuro condutor.

   c. reconhecer a urgência nacional social do trânsito.

   d. envolver toda a comunidade e a família nas ações de educação para o trânsito.

   e. favorecer a exploração da cidade para que os jovens se vejam como agentes de transformação.

4. Os seguintes pilares fundamentam a Década de Ação pela Segurança no Trânsito, **exceto**:

   a. veículos mais seguros.

   b. acessibilidade mais segura.

   c. usuários de rodovias mais seguros.

   d. atendimento a vítimas.

   e. gestão segura do trânsito.

5. Associe corretamente cada etapa da elaboração de campanhas de educação para o trânsito à respectiva descrição.

1) Pesquisa para verificar se a campanha atende aos objetivos; antes da publicação para o grande público, as campanhas são submetidas às pesquisas para verificar o atendimento aos objetivos.

2) Levantamento de informações que leva em conta o conjunto de dados estatísticos e as opiniões populares.

3) Avaliação da campanha depois de ser divulgada, verificando-se o atingimento dos objetivos.

4) Fase na qual é muito importante tomar cuidado com a linguagem a ser utilizada.

( ) Pesquisa
( ) Elaboração da campanha
( ) Pré-teste
( ) Pós-teste

Agora, assinale a alternativa que indica a sequência obtida:

a. 2, 4, 1, 3.

b. 3, 4, 2, 1.

c. 3, 2, 2, 4.

d. 1, 4, 3, 2.

e. 4, 2, 3, 1.

Questão para reflexão

1. O planejamento de cidades seguras pode acontecer, como foi apontado, por meio de diversas intervenções no desenho urbano, juntamente com a aplicação de políticas públicas existentes nessa área, que priorizem pedestres e ciclistas, como os planos de mobilidade, por exemplo. Mas o que podemos fazer para que as cidades do Brasil se tornem cidades seguras? Em sua visão, quais seriam as diretrizes para nortear esse objetivo? É algo possível de se fazer/construir?

Estudo de caso

O município (fictício) de Rio Lótus do Sul, localizado na Região Sul do Brasil, é considerado, segundo o Instituto Brasileiro de Geografia e Estatística (IBGE), uma cidade de médio porte, cujos habitantes relatam problemas graves relacionados aos deslocamentos diários, a saber:

- Taxa de motorização alta: 72% dos cidadãos realizam seus deslocamentos por carro e moto, e apenas 17% usam o transporte coletivo, em razão da baixa qualidade do serviço oferecido e da tarifa alta; o modo bicicleta é utilizado por apenas 0,5% da população, e 10,5% dos cidadãos se deslocam pelo meio a pé.
- Aumento do índice de acidentes de trânsito em cerca de 40% em 10 anos: a taxa de atropelamentos mais significativa está associada a idosos, e a de acidentes com automóveis, a jovens.
- Congestionamentos constantes: são observados tanto fora quanto no horário de pico em diversas vias da cidade. Isso pode ser uma consequência da instalação de diversos empreendimentos novos que impactam o tráfego (os chamados *polos geradores de viagens*).
- Parte da cidade apresenta um relevo acentuado: esse fato já desincentiva os deslocamentos a pé e por bicicleta. Além disso, a falta de iluminação e a irregularidade ou inexistência de calçadas e infraestrutura cicloviária dificultam ainda mais esses deslocamentos.

Diante de tanta insatisfação dos cidadãos de Rio Lótus do Sul, a gestão pública viu então a necessidade de despender recursos e abrir licitação para que empresas possam desenvolver um planejamento de trabalho para a elaboração do plano de mobilidade do município. Sua empresa vai participar do certame.

Lembre-se de alguns apontamentos importantes discutidos neste livro, os quais podem ser considerados (não obrigatoriamente) para que sua empresa seja competitiva e apresente diferencial nos quesitos *inovação* e *capacidade técnica*:

a. estudo de viabilidade da influência de dispositivos de tráfego, como mudança de faixa de estacionamento para faixa de rolamento, por exemplo;

b. estudo em algumas interseções do município: regulagem e coordenação semafórica e intervenções no desenho urbano que priorizem o pedestre;

c. análise da eficiência da implantação de pedágio urbano;

d. proposta de infraestrutura cicloviária;

e. possibilidade do uso da multimodalidade no sistema de transporte existente na cidade;

f. estudo da influência dos polos geradores de viagens;

g. utilização de ferramentas e análise do atendimento às políticas públicas voltadas à mobilidade urbana sustentável.

✦ ✦ ✦

Considerações finais

Caminhar, pedalar, dirigir, pilotar, ser carona, usar transporte público. Todos nós realizamos essas ações diariamente, e os motivos para isso são os mais variados: trabalhar, estudar, ir ao cinema, ir ao mercado, comprar o pãozinho na padaria... Em determinada hora do dia, deixamos nossos lares e integramos o que chamamos de *meio urbano*, fazemos parte da cidade, ativamente.

Ser ente ativo do espaço em que vivemos requer diversas tomadas de atitude, que devem levar em consideração não só os direitos, mas também os deveres de cada usuário do sistema. Não devemos deixar de lado, principalmente, nossos direitos na condição de usuários mais vulneráveis – pedestres e ciclistas –, direitos estes que perpassam os deveres dos modos motorizados.

Tendo isso em mente, incorporando as vivências como usuários, gestores públicos, planejadores urbanos e engenheiros de tráfego, todos os entes públicos e privados responsáveis pelo ordenamento e pela fluidez do tráfego precisam quebrar os paradigmas impostos por uma sociedade carrocêntrica e pensar no ser humano em primeiro lugar. É necessário, pois, construir um planejamento de cidades para pessoas e tornar o meio urbano um espaço atrativo, fazendo com que os deslocamentos diários sejam eficientes e colocando a vida em primeiro plano.

Cabe ressaltar, ainda, que o advento das tecnologias se constitui em um fator que trabalha a favor do planejador. Trabalha, também, em prol dos usuários dos sistemas de transporte, quando essa atuação ocorre de forma acessível e inclusiva, levando-se em consideração as características e as dimensões pertinentes às cidades inteligentes no tocante à mobilidade urbana.

Foi pensando nesses aspectos que concebemos este livro, buscando agregar as teorias mais difundidas no meio acadêmico à prática recorrente no planejamento de transportes, a fim de que você, leitor, possa ter embasamento técnico suficiente para poder auxiliar nas tomadas de decisão nessa área da forma mais assertiva e humana possível.

✦ ✦ ✦

Lista de siglas

ANTP	Associação Nacional de Transportes Públicos
CET	Companhia de Engenharia de Tráfego
CNT	Código Nacional de Trânsito
Contran	Conselho Nacional de Trânsito
CTB	Código de Trânsito Brasileiro
Denatran	Departamento Nacional de Trânsito
DNER	Departamento Nacional de Estradas de Rodagem
Dnit	Departamento Nacional de Infraestrutura de Transportes
FHP	Fator de hora pico
HOV	*High ocuppancy vehicle*
htv	Hora de tempo verde
iCam	Índice de Caminhabilidade
Imus	Índice de Mobilidade Urbana Sustentável
Ippuc	Instituto de Pesquisa e Planejamento Urbano de Curitiba
OECD	Organização para a Cooperação e Desenvolvimento Econômico
ONU	Organização das Nações Unidas
PNT	Política Nacional de Trânsito
Propolis	*Planning and Research of Policies for Land Use and Transport for Increasing Urban Sustainability*
SNMU	Sistema Nacional de Mobilidade Urbana
SNT	Sistema Nacional de Trânsito
TI	Tecnologia da informação
TICs	Tecnologias da informação e comunicação
Transplus	Transport Planning, Land Use and Sustainability
TRB	Transportation Research Board
UCP	Unidades de carro de passeio
UTM	Unidades de tráfego misto

VMDa	Volume médio diário anual
VMDd	Volume médio diário em um dia de semana
VMDm	Volume médio diário mensal
VMDs	Volume médio diário semanal
WRI Brasil	World Resources Institute Brasil

Referências

AKISHINO, P.; PEREIRA, M. A. P. **Engenharia de tráfego**. Curitiba, 2008. Notas de aula.

ANTP – Associação Nacional de Transportes Públicos. **Relatório Geral 2014**: Sistema de Informações da Mobilidade urbana. São Paulo, 2016. Disponível em: <http://files.antp.org.br/2016/9/3/sistemasinformacao-mobilidade geral_2014.pdf>. Acesso em: 6 set. 2020.

ARAÚJO, D. R. C. **Comparação das simulações de tráfego dos modelos Saturn e Dracula**. Dissertação (Mestrado em Engenharia de Produção) – Universidade Federal do Rio Grande do Sul, Porto Alegre, 2003.

BANISTER, D. et al. Targets for Sustainability Mobility. In: AKERMAN, J. **European Transport Policy and Sustainable Mobility**. London: Spon Press, 2000. Cap. 8.

BENEVOLO, C.; DAMERI, R. P.; D'AURIA, B. **Smart Mobility in Smart City**: Action Taxonomy, ICT Intensity and Public Benefits. New York: Springer, 2016.

BERNARDINIS, M. A. P. **Engenharia de tráfego**. Curitiba, 2016. Notas de aula.

BHTRANS – Empresa de Transportes e Trânsito de Belo Horizonte. **Manual de medidas moderadoras do tráfego**: Traffic Calming. Belo Horizonte, 1999.

BRASIL. Decreto n. 73.696, de 28 de fevereiro de 1974. I (Revogado pelo Decreto n. 9.917, de 2019). **Diário Oficial da União**, Poder Executivo, Brasília, DF, 1º mar. 1974.

_____. Lei n. 9.503, de 23 de setembro de 1997. **Diário Oficial da União**, Poder Legislativo, Brasília, DF, 24 set. 1997.

_____. Lei n. 12.587, de 3 de janeiro de 2012. **Diário Oficial da União**, Poder Legislativo, Brasília, DF, 4 jan. 2012.

BRASIL. Ministério das Cidades. Secretaria Nacional de Transporte e da Mobilidade Urbana. **PlanMob:** construindo a cidade sustentável – caderno de referência para elaboração de plano de mobilidade urbana. Brasília, 2007.

CACCIA, L.; PACHECO, P. 5 exemplos de caminhabilidade. **WRI Brasil,** 2 out. 2019. Disponível em: <https://wribrasil.org.br/pt/blog/2019/10/5-exemplos-de-caminhabilidade>. Acesso em: 6 set. 2020.

CAMPOS, V. B. G.; RAMOS, R. A. R. Proposta de indicadores de mobilidade urbana sustentável relacionando transporte e uso do solo. In: CONGRESSO LUSO-BRASILEIRO PARA O PLANEJAMENTO URBANO, REGIONAL, INTEGRADO E SUSTENTÁVEL, 1., 2005.

CET – Companhia de Engenharia de Tráfego. **Métodos para avaliação de velocidade.** Notas Técnicas, NT 79/82, 1982.

CEZARIO, H. C.; BERNARDINIS, M. A. P. **Roteiro para elaboração de planos de mobilidade para cidades de pequeno porte.** Relatório Técnico (Iniciação Científica). Universidade Federal do Paraná, Curitiba, 2015.

COBB, R. W.; ELDER, C. D. **Participation in American Politics:** the Dynamics of Agenda-Building. Baltimore: Johns Hopkins University Press, 1983.

COCCHIA, A. Smart and Digital City: a Systematic Literature Review. In: DAMERI, R. P.; ROSENTHAL-SABROUX, C. (Ed.). **Smart City:** How to Create Public and Economic Value with High Technology in Urban Space. London: Springer, 2014. p. 13-43.

COELHO, J. C.; FREITAS, J. A.; MOREIRA, M. E. P. Implantações semafóricas são medidas eficazes para a redução de acidentes de trânsito? O caso de Fortaleza-CE. In: CONGRESSO DE PESQUISA E ENSINO DE TRANSPORTES, 22., 2008. Disponível em: <http://sinaldetransito.com.br/artigos/semaforos_x_acidentes.pdf>. Acesso em: 6 set. 2020.

CONTRAN – Conselho Nacional de Trânsito. **Manual brasileiro de sinalização de trânsito:** sinalização vertical de regulamentação. v. I. Brasília: Ministério das Cidades, 2007a. Disponível em: <https://www.seabrasolucoes.com.br/blog/manual-sinalizacao-contran>. Acesso em: 6 set. 2020.

_____. **Manual brasileiro de sinalização de trânsito:** sinalização vertical de advertência. v. II. Brasília: Ministério das Cidades, 2007b. Disponível em: <https://www.seabrasolucoes.com.br/blog/manual-sinalizacao-contran> Acesso em: 6 set. 2020.

CONTRAN – Conselho Nacional de Transito. **Manual brasileiro de sinalização de trânsito:** sinalização vertical de indicação. v. III. Brasília: Ministério das Cidades, 2007c. Disponível em: <https://www.seabrasolucoes.com.br/blog/manual-sinalizacao-contran> Acesso em: 6 set. 2020.

_____. **Manual brasileiro de sinalização de trânsito:** sinalização horizontal. v. IV. Brasília: Ministério das Cidades, 2007d. Disponível em: <https://www.seabrasolucoes.com.br/blog/manual-sinalizacao-contran> Acesso em: 6 set. 2020.

_____. **Manual brasileiro de sinalização de trânsito:** sinalização semafórica. v. V. Brasília: Ministério das Cidades, 2014a. Disponível em: <https://www.seabrasolucoes.com.br/blog/manual-sinalizacao-contran> Acesso em: 6 set. 2020.

_____. **Manual brasileiro de sinalização de trânsito:** dispositivos auxiliares. v. VI. Brasília: Ministério das Cidades, 2014b. Disponível em: <https://www.seabrasolucoes.com.br/blog/manual-sinalizacao-contran> Acesso em: 6 set. 2020.

_____. Resolução n. 666, de 28 de janeiro de 1986. **Diário Oficial da União,** Brasília, DF, 30 jan. 1986.

_____. Resolução n. 30, de 21 de maio de 1998. **Diário Oficial da União,** Brasília, DF, 22 maio 1998.

_____. Resolução n. 314, de 8 de maio de 2009. **Diário Oficial da União,** Brasília, DF, 20 maio 2009.

CORALINA, C. **Vintém de cobre:** meias confissões de Aninha. 6. ed. São Paulo: Global, 1997.

CORREIA, L. M. **Smart Cities:** Applications and Requirements. Lisboa, 2011.

COSTA, M. C. **Um índice de mobilidade urbana sustentável.** Tese (Doutorado em Engenharia) – Universidade de São Paulo, São Carlos, 2008.

CUCCI NETO, J. **Aplicações da engenharia de tráfego na segurança dos pedestres.** 299 f. Dissertação (Mestrado em Engenharia) – Universidade de São Paulo, São Paulo, 1996.

DAMERI, R. P. Searching for Smart City Definition: a Comprehensive Proposal. **International Journal of Computers & Technology,** v. 11, n. 5, p. 2544-2551, Oct. 2013.

DENATRAN – Departamento Nacional de Trânsito. **Guia básico para gestão municipal de trânsito.** Brasília: Ministério das Cidades, 2016.

DENATRAN – Departamento Nacional de Transito. **Manual brasileiro de sinalização de trânsito.** Ministério das Cidades, Brasília, 2005. v. I: Sinalização vertical de regulamentação.

_____. **Manual brasileiro de sinalização de trânsito.** Ministério das Cidades, Brasília, 2014. v. V: Sinalização semafórica.

_____. **Manual de segurança de pedestres.** 2. ed. Brasília, 1987.

_____. **Manual de semáforos.** 2. ed. Brasília, 1984.

_____. Portaria n. 147, de 2 de junho de 2009. **Diário Oficial da União,** Brasília, DF, 3 jun. 2009.

DEWALSKA-OPITEK, A. Smart City Concept: The Citizens' Perspective. **Telematics – Support for Transport,** v. 471, p. 331-340, 2014.

DNER – Departamento Nacional de Estradas de Rodagem. **Manual interamericano de sinalização rodoviária e urbana.** Rio de Janeiro, 1971.

DIRKS, S.; KEELING, M. **A Vision of Smater Cities:** How Cities Can Lead the Way into a Prosperous and Sustainable Future. New York: IBM, 2009.

DNIT – Departamento Nacional de Infraestrutura de Transportes. Diretoria de Planejamento e Pesquisa. Coordenação Geral de Estudos e Pesquisa. Instituto de Pesquisas Rodoviárias. **Manual de estudos de tráfego.** Rio de Janeiro, 2006.

_____. **Manual de projeto de interseções.** 2. ed. Rio de Janeiro, 2005.

EMBARQ BRASIL. **Manual de desenvolvimento urbano orientado ao transporte sustentável.** Rio de Janeiro, 2015.

FREITAS, I. M. D. P. **Componentes de tráfego.** Salvador, 2006. Notas de aula.

GARCIA, N. **A sinalização não pode só servir para carros.** 2012a. Disponível em: <https://cidadesparapessoas.com/a-sinalizacao-nao-pode-so-servir-para-os-carros/> Acesso em: 6 set. 2020.

_____. Amsterdã: planejar é a regra, fluidez é a sensação. **O Eco,** 2011. Disponível em: <https://www.oeco.org.br/reportagens/25343-amsterda-planejar-e-a-regra-fluidez-e-asensacao/> Acesso em: 6 set. 2020.

_____. **Cidades que pensam nos ciclistas.** 2012b. Disponível em: <https://cidadesparapessoas.com/cidades-que-pensam-nos-ciclistas/> Acesso em: 6 set. 2020.

GEHL, J. **Cidade para pessoas.** 2. ed. São Paulo: Perspectiva, 2013.

GIFFINGER, R. et al. **Smart Cities:** Ranking of European Medium-Sized Cities. Vienna: Centre of Regional Science/Vienna University of Technology, 2007.

GOMES, G. Z. **Uso de microssimulação na avaliação da sustentabilidade de corredores rodoviários.** Dissertação (Mestrado em Engenharia Civil com ênfase em Transportes) – Universidade de São Paulo, São Carlos, 2004.

GOODWIN, P. B. A Panel Analysis of Changes in Car Ownership and Bus Use. **Traffic Engineering and Control,** v. 27, n. 10, p. 519-525, 1986.

GREEN, K. **Defending Automobility:** a Critical Examination of Environmental and Social Costs of Auto Use. Los Angeles: Rease Foundation, 1995.

GUARESE, A. G. **Mobilidade e sustentabilidade local e regional:** o caso da Aglomeração Urbana no Nordeste do Rio Grande do Sul. Monografia (Especialização em Reabilitação Ambiental Sustentável Arquitetônica e Urbanística) – Universidade de Brasília, Brasília, 2012.

GUDMUNDSSON, H. Indicators and Performance Measures of Transportation, Environment and Sustainability in North America: Report from a German Marshall Fund Fellowship 2000. Individual Study Tour October 2000. **Research Notes,** n. 148, 2001.

_____. Sustainable Transport and Performance Indicators. In: HESTER, R. E.; HARRISON, R. M. (Ed.). **Issues in Environmental Science and Technology.** Cambridge, U.K.: The Royal Society of Chemistry. 2004. p. 35-64.

HALLMANN, H. V. **Comparação entre softwares simuladores de trânsito.** Trabalho de Conclusão de Curso (Bacharelado em Ciências da Computação) – Universidade Federal do Rio Grande do Sul, Porto Alegre, 2011.

ITDP – Instituto de Políticas de Transporte e Desenvolvimento. **Índice de Caminhabilidade.** Versão 2.0. Rio de Janeiro, 2018. Disponível em: <http://itdpbrasil.org/wp-content/uploads/2019/05/Caminhabilidade_Volume-3_Ferramenta-ALTA.pdf>. Acesso em: 6 set. 2020.

KAWAMOTO, E. **Análise de sistemas de transporte.** São Carlos: Escola de Engenharia de São Carlos/Universidade de São Paulo, 1997

_____. **Análise de sistemas de transporte.** 2. ed. São Carlos: Escola de Engenharia de São Carlos/Universidade de São Paulo, 2004.

KUREKE, B. M. C. B.; BERNARDINIS, M. de A. P. A utilização de índices e indicadores na efetividade da Política Nacional de Mobilidade Urbana brasileira. **Revista Brasileira de Gestão e Desenvolvimento Regional**, Taubaté, v. 15, n. 6, edição especial, p. 29-38, nov. 2019. Disponível em: <https://www.rbgdr.net/revista/index.php/rbgdr/article/download/5182/839>. Acesso em: 6 set. 2020.

MACLAREN, V. Urban Sustainability Reporting. **Journal of American Planning Association**, Chicago, v. 62, p. 184-202, 1996.

MAGAGNIN, R. C. **Um sistema de suporte à decisão na internet para o planejamento da mobilidade urbana.** Tese (Doutorado em Engenharia Civil) – Universidade de São Paulo, São Carlos, 2008.

MARQUES, R. Versão 2.0 do Índice de Caminhabilidade traz indicadores aprimorados. **ITDP Brasil**, 2018. Disponível em: <https://itdpbrasil.org/indice-de-caminhabilidade/>. Acesso em: 6 set. 2020.

MARTINEZ, T. L.; LEIVA, F. M. **Avaliação comparativa de indicadores urbanos.** Oficina Técnica de Planejamento Estratégico de Granada – Granada, Metrópole 21, 2003.

MAY, T.; CRASS, M. Sustainability in Transport: Implications for Policy Makers. In: ANNUAL MEETING OF THE TRANSPORTATION RESEARCH BOARD, 86., 2007, Washington.

MELO, B. P. **Indicadores de ocupação urbana sob o ponto de vista da infraestrutura viária.** Dissertação (Mestrado em Engenharia de Transportes) – Instituto Militar de Engenharia, Rio de Janeiro, 2004.

NEIROTTI, P. et al. Current Trends in Smart City Initiatives: Some Stylised Facts. **Cities**, v. 38, p. 25-36, June 2014.

NICOLAS, J. P.; PORCHET, P.; POIMBOEUF, H. Towards Sustainable Mobility Indicators: Application to the Lyons Conurbation. **Transport Policy**, v. 10, p. 197-208, 2003.

OBSERVATÓRIO NACIONAL DE SEGURANÇA VIÁRIA. **Relatório Estatístico de Segurança Viária:** Pedestres. Indaiatuba, 2017. Disponível em: <https://www.mobilize.org.br/midias/pesquisas/relatorio-estatistico-de-seguranca-viaria-pedestre.pdf>. Acesso em: 6 set, 2020.

OECD – Organisation for Economic Co-Operation and Development. **Delivering the Goods:** 21st Century Challenges to Urban Goods Transport. Paris, 2003.

OLIVEIRA, E. et al. O tratamento de travessias de pedestres por sistema especialista. In: CONGRESSO DA ASSOCIAÇÃO NACIONAL DE PESQUISA E ENSINO EM TRANSPORTES – ANPET, 7., 1993, São Paulo.

ONU – Organização das Nações Unidas. **Década de Ação pela Segurança no Trânsito** (2011-2020). Disponível em: <https://nacoesunidas.org/campanha/seguranca-transito/>. Acesso em: 6 set. 2020.

PEREIRA, D. M.; RATTON, E.; BLASI, G. F.; KÜSTER FILHO, W. **Sinalização rodoviária.** Curitiba: Universidade Federal do Paraná/ Setor de Tecnologia/Departamento de Transportes, 2010.

PIETRANTONIO, H. **Manual de procedimento de pesquisa para análise de conflitos de tráfego em interseções.** São Paulo: Instituto de Pesquisas Tecnológicas do Estado de São Paulo, 1991.

REGIO, M. **Relatórios de investigação de acidente de trânsito fatal em São Paulo.** São Paulo: Companhia de Engenharia de Tráfego, 2012.

ROEDEL, L.; BERNARDINIS, M. A. P. **Plano de mobilidade:** solução para cidades sustentáveis. Relatório Técnico (Iniciação Científica). Universidade Federal do Paraná, Curitiba, 2015.

ROZESTRATEN, R. J. A. **Psicologia do trânsito:** conceitos e processos básicos. São Paulo: EPU/Edusp, 1988.

SABATIER, P. A. Top-down and Bottom-up Approaches to Implementation Research – a Critical Analysis and Suggested Synthesis. **Journal of Public Policy,** v. 6, n. 1, p. 21-48, 1986.

SILVA, A. K. da. **Cidades inteligentes e sua relação com a mobilidade inteligente.** [2016?].

SILVA, A. N. R.; COSTA, M. S.; MACEDO, M. H. Multiple Views of Sustainable Urban Mobility in a Developing Country: the Case of Brazil. In: WORLD CONFERENCE ON TRANSPORT RESEARCH, WCTR, 11., 2007, Berkeley.

SILVA, P. C. M.; TYLER, N. Sobre a validação de modelos microscópicos de simulação de tráfego. **Transportes,** São Paulo, v. 10, n. 1, p. 49-64, 2001.

SJÖBLOM, G. Problemi e soluzioni in politica. **Rivista Italiana di Scienza Politica,** v. 14, n. 1, p. 41-85, 1984.

SUSTAINABLE MEASURES. **Indicators of Sustainability.** New York, 2006.

TECHNISCHE UNIVERSITAT WIEN. **European Smart Cities.** 2015. Disponível em: <http://smart-cities.eu>. Acesso em: 24 jun. 2018.

TRANSPLUS. **Analysis of Land use and Transport Indicators, Transport Planning Land-Use and Sustainability Public Deliverables D2.2 and D3.** 2003.

TRB – Transportation Research Board. **Sustainable Transportation Indicators:** a Recommended Program to Define a Standard Set of Indicators for Sustainable Transportation Planning. Washington, 2008.

VASCONCELLOS, E. A. de. **Métodos para cálculo da capacidade de interseções semaforizadas.** São Paulo: Companhia de Engenharia e Tráfego, 1978.

VILLAÇA, F. Dilemas do plano diretor. In: CEPAM. **O município do século XXI:** cenários e perspectivas. São Paulo: Fundação Prefeito Faria Lima/Cepam, 1999. p 237- 247.

WEBSTER, F. V. Traffic Signal Setting, Road Research Laboratory. **Road Research Technical Paper, n.** 39, 1958.

WELLE, B. et al. **O desenho de cidades seguras: diretrizes e exemplos para promover a segurança viária a partir do desenho urbano.** Revisão e adaptação da versão em português de Brenda Medeiros et al. Rio de Janeiro: WRI; Embarq, 2016.

ZAMBON, K. L. et al. Incorporando a participação popular ao Índice de Mobilidade Urbana Sustentável através da WWW. In: CONGRESSO LUSO-BRASILEIRO PARA O PLANEJA-MENTO URBANO, REGIONAL, INTEGRADO, SUSTEN-TÁVEL, 4., 2010, Faro.

Respostas

Capítulo 1

Questões para revisão

1. Em termos econômicos, a oferta diz respeito à intenção de uma ou mais pessoas, físicas ou jurídicas, de colocarem alguma coisa à disposição de quem quer que seja, gratuitamente ou não (Kawamoto, 1997). Assim, essa intenção pode ser mais forte ou mais fraca, dependendo da situação em que se encontra o ofertante. Não é um bem nem é estocável; a oferta é um serviço. A oferta à circulação de veículos deve ser fornecida pela cidade. Esta é responsável por prover o deslocamento de pessoas e cargas dentro do sistema viário de forma segura, confortável e sustentável. De acordo com Kawamoto (1997), a demanda por transporte é o desejo de uma entidade (uma pessoa ou um grupo de pessoas) de locomover-se ou fazer outras pessoas ou cargas se locomoverem de um lugar para outro. Em complementação, essa demanda pode estar relacionada a uma dada modalidade de transporte ou a uma determinada rota.

2. Atente para o tamanho do município considerado. Primeiramente, é necessário conhecer os sistemas de transporte existentes no município. Há vários tipos de integração possíveis: ônibus-bicicleta; carro-bicicleta; taxi-ônibus; taxi-bicicleta; metrô-ônibus; metrô-bicicleta, entre outros.

3. b

4. d

5. a

Capítulo 2

Questões para revisão

1. As oito diretrizes são as seguintes:

> I – integração com a política de desenvolvimento urbano e respectivas políticas setoriais de habitação, saneamento básico, planejamento e gestão do uso do solo no âmbito dos entes federativos;
>
> II – prioridade dos modos de transportes não motorizados sobre os motorizados e dos serviços de transporte público coletivo sobre o transporte individual motorizado;
>
> III – integração entre os modos e serviços de transporte urbano;
>
> IV – mitigação dos custos ambientais, sociais e econômicos dos deslocamentos de pessoas e cargas na cidade;
>
> V – incentivo ao desenvolvimento científico-tecnológico e ao uso de energias renováveis e menos poluentes;
>
> VI – priorização de projetos de transporte público coletivo estruturadores do território e indutores do desenvolvimento urbano integrado;
>
> VII – integração entre as cidades gêmeas localizadas na faixa de fronteira com outros países sobre a linha divisória internacional
>
> VIII – garantia de sustentabilidade econômica das redes de transporte público coletivo de passageiros, de modo a preservar a continuidade, a universalidade e a modicidade tarifária do serviço. (Brasil, 2012)

2. O plano diretor é um plano que, com base em um diagnóstico científico da realidade física, social, econômica, política e administrativa da cidade, deve apresentar um conjunto de propostas para o futuro desenvolvimento socioeconômico e a futura organização espacial dos usos do solo urbano, das redes de infraestrutura e de elementos fundamentais da estrutura urbana, propostas estas definidas para curto, médio e longo prazos e aprovadas por lei municipal. Ele deve estabelecer diretrizes para a expansão e a adequação do sistema viário e o transporte público. Por sua vez, os planos de mobilidade devem atender às premissas da legislação, como a prioridade para meios não motorizados e o estímulo ao transporte coletivo, contrapondo-se à política nacional ainda em vigor, de incentivo à indústria automobilística, por meio da redução de impostos para a aquisição de veículos. Devem ainda ser compatíveis com as políticas dos planos diretores municipais, ótica sob a qual o planejamento de uso do solo deve ser pensado também. É necessário ainda que o planejamento seja condizente com a realidade de cada município.

3. b

4. a

5. d

Capítulo 3

Questões para revisão

1.

a)

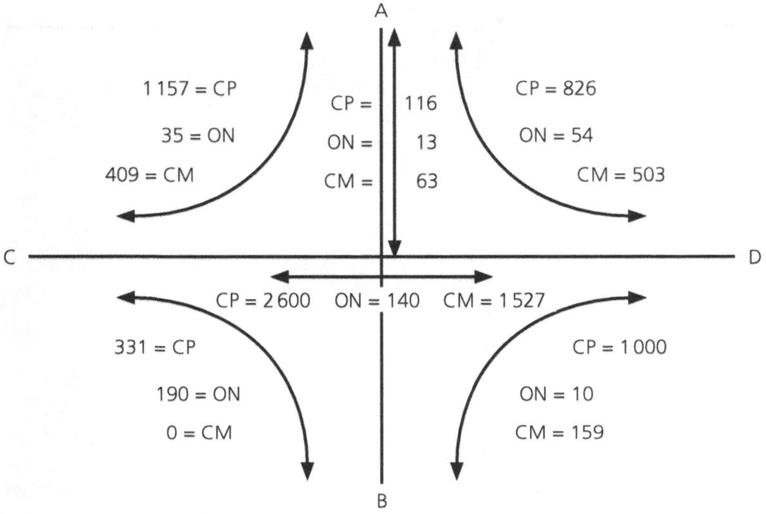

$$AB = BA = 24/2 = 12$$

$$AC = CA = 180/2 = 90$$

$$AD = DA = 175/2 = 88$$

$$CD = DC = 536/2 = 268$$

$$BC = CB = 57/2 = 29$$

$$BD = DB = 113/2 = 57$$

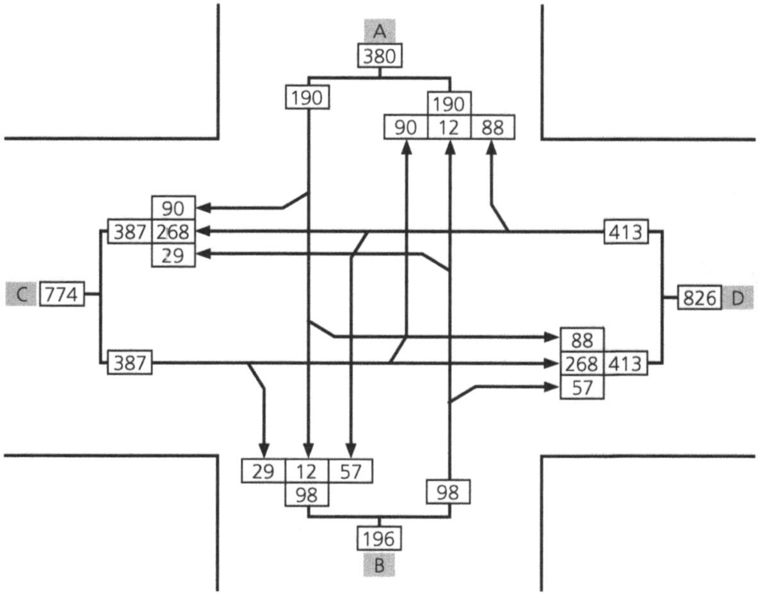

b)

A = 387   B = 98
C = 413   AV = 90
AG = 268   AH = 29
BG = 12   BV = 29
BH = 57   CG = 268
CV = 57   CH = 88

Resposta:

Faixa especial para conversão à direita	NÃO
Faixa especial para conversão à esquerda	SIM

2.

    a)   6 veículos, 36 m.

    b)   Não há fila.

3.   d

4.   c

5.   b

Capítulo 4

Questões para revisão

I.

a) É o tempo realmente disponível para travessia – $g_{ef} = g + t_a - I$
b) Vermelho é a fase semafórica para impedir certo movimento; vermelho total ocorre quando todos os semáforos da interseção ficam vermelhos para a travessia mais segura dos pedestres.

2.

AV. NORTE-SUL		
Etapas de cálculo	*Av. Norte-Sul*	
Efeito da declividade	0%	$f_1 = 1,000$
Conversão à esquerda (fluxo oposto)	%	$f_2 = 0,90$
Conversão à direita (fluxo oposto)	%	$f_3 = 0,99$
Efeito estacionamento	7,6 m	$f_4 = 0,72$
Efeito localização	médio	$f_5 = 1,000$
Fluxo saturação direto: S = 525L		S = 3150 veíc./htv
Saturação do fluxo oposto		Sfo = 2021 veíc./htv
Conversão à esquerda (veíc./h)	$Q_{ce} = 90$ veíc./h	
Ciclo semafórico (s)	C = 50s	
Nº veículos por ciclo	N = 1,80 veíc./ciclo = 2	
Fluxo oposto (veíc./h)	$Q_{fo} = 231$	
Saturação da conversão esquerda	$S_{ce} = 1080$ (gráfico)	
Tempo verde fluxo oposto (s)	g =18s	
Nº máximo de veículos virando	$N_e = 4,16$ veíc./ciclo = 4	
Comparação (resultado)	Como N > N_{ce} – ok!	
AV. BRASIL		
Etapas de cálculo	*Av. Brasil*	
Efeito da declividade	0%	$f_1 = 1,000$
Conversão à esquerda (fluxo oposto)	32%	$f_2 = 0,98$
Conversão à direita (fluxo oposto)	%	$f_3 = 1,000$

(continua)

(conclusão)

Efeito estacionamento	7,6 m	$f_4 = 0,90$
Efeito localização	médio	$f_5 = 1,0$
Fluxo saturação direto: S =525 L		S = 8400 veíc./htv
Saturação do fluxo oposto		$S_{fo} = 7409$ veíc./htv
Conversão à esquerda (veíc./h)	$Q_{ce} = 116$	
Ciclo semafórico (s)	C = 50s	
Nº veículos por ciclo	N = 2,32 = 3	
Fluxo oposto (veíc./h)	$Q_{fo} = 1221$	
Saturação da conversão esquerda	$S_{ce} = 330$	
Tempo verde fluxo oposto (s)	g = 18 s	
Nº máximo veículos virando	$N_e = 1,73$ veíc./ciclo = 2	
Comparação (resultado)	Como $N < N_{ce}$, reestudar. Aumentar, a cada 1 veículo, 2,5s no tempo de verde	

3. a

4. e

5. b

Capítulo 5

Questões para revisão

1. São elas: economia inteligente (*Smart Economy*), pessoas inteligentes (*Smart People*), governança inteligente (*Smart Governance*), mobilidade inteligente (*Smart Mobility*), ambiente inteligente (*Smart Environment*) e vida inteligente (*Smart Living*).

2. No modelo microscópico, os veículos na corrente de tráfego são tratados de forma individual e movem-se segundo o comportamento *car following* e mediante modelos de mudança de faixa (*lane change*) por rotas preestabelecidas. Esse tipo de análise exige mais recursos computacionais e permite o estudo de fluxos não necessariamente homogêneos ou ininterruptos. Por sua vez, no modelo macroscópico, analisam-se as correntes de tráfego como meios fluidos contínuos, nos quais a noção de partícula não é considerada. Dessa forma, esse tipo de abordagem é indicado para estudos de tráfego com grande densidade, e não para fluxos rarefeitos, permitindo que o engenheiro tenha uma melhor compreensão das limitações de capacidade dos sistemas viários

e possa fazer uma avaliação de consequências de ocorrências que provoquem pontos de estrangulamento no sistema viário. Essa modelagem é considerada a tradicional, pois as hipóteses simplificadas conduzem a previsões de fluxos satisfatórias para fins de gerenciamento de tráfego e planejamento de transportes.

3. c

4. d

5. b

Capítulo 6

Questões para revisão

1. **Chicanas:** tais desvios, criados para desacelerar o tráfego, acarretam o estreitamento do leito viário, desviando os condutores da linearidade da via. Podem ser desenhadas em zigue-zague ou de forma escalonada, alternando o estacionamento de um lado para o outro da via e combinando tal intervenção com extensões de meio-fio e travessias elevadas.

   Área calma: é uma área com vias de velocidades reduzidas, geralmente entre 30 e 40 km/h.

   Platôs: são deflexões verticais na via que promovem alteração de seu perfil, para a redução da velocidade e, no caso de platôs e travessias elevadas, a travessia de pedestres.

2. Porque se deve ter extremo cuidado com abordagens negativas ou abordagens que apresentem violência, para evitar a insensibilidade das pessoas, com a qual o objetivo das campanhas pode não ser atingido.

3. c

4. b

5. a

✦ ✦ ✦

Sobre as autoras

Bruna Marceli Claudino Buher Kureke é graduada em Engenharia Civil (2016), especialista em Engenharia de Tráfego (2018) e mestra em Planejamento Urbano (2019) pela Universidade Federal do Paraná (UFPR). Em 2016, participou da elaboração do Plano de Mobilidade de Araucária-PR como pesquisadora de campo. Em 2015, atuou como membro cofundadora do Grupo de Estudos em Transportes da UFPR e, em 2017, como membro da subcomissão de Educação para o Trânsito do Projeto Vida no Trânsito de São José dos Pinhais-PR, onde participou do projeto de extensão intitulado Mobilidade Corporativa, em conjunto com a UFPR. Em 2018, participou da elaboração do Plano de Mobilidade de Pomerode-SC. Atua hoje como engenheira civil na Prefeitura Municipal de Curitiba. É pesquisadora nas áreas de sistemas de mobilidade inteligente, mobilidade urbana, transporte de cargas, segurança viária, engenharia de tráfego e transportes motorizados e não motorizados.

Márcia de Andrade Pereira Bernardinis tem mestrado (1999) e doutorado (2005) em Engenharia de Transportes pela Universidade de São Paulo (USP). É professora de ensino superior há 12 anos (Professora Associada I da Universidade Federal do Paraná – UFPR). Foi pesquisadora de desenvolvimento tecnológico industrial do Conselho Nacional de Desenvolvimento Científico e Tecnológico (CNPq) (Nível B), tendo sido pesquisadora convidada da Universidade de Bordeaux, França em estudos sobre mobilidade. Em 2016 e 2018, respectivamente, participou como consultora da elaboração do Plano de Mobilidade de Araucária-PR e do Plano de Mobilidade de Pomerode-SC. Tem experiência na área de engenharia de transportes, atuando principalmente nos seguintes temas: mobilidade urbana, sistemas inteligentes de transportes, infraestrutura de transportes, engenharia de tráfego, transportes motorizados e não motorizados e acidentes de trânsito. É autora do livro *Roteiro para elaboração de planos de mobilidade para cidades de pequeno porte*, publicado em 2016.

✦ ✦ ✦

Impressão:
Setembro/2020